高等学校艺术设计传媒类丛书

non-linear editing ▶▶

Foundation and example

非线性视频编辑
基础与实例 （第2版）

劳光辉 余艳红 编著

中南大学出版社
www.csupress.com.cn

内 容 简 介

本书分为两个部分，第一部分为用于教学的Premiere Pro的基础和相关实例，第二部分为新奥特视频公司的喜玛拉雅非线性编辑系统的基础操作。教学光盘中附有中科大洋的非线性编辑系统、成都索贝数码科技股份有限公司非线性编辑系统软件的基础操作（到中南大学出版社网站下载或向作者索取）。本书可作为高等院校的非线性编辑教材，也可以作为刚接触视频编辑制作者的辅导书。

图书在版编目（CIP）数据

非线性视频编辑基础与实例／劳光辉，余艳红编著.
--长沙：中南大学出版社，2009
ISBN 978-7-81105-981-6

Ⅰ.非… Ⅱ.①劳…②余… Ⅲ.数字技术—应用—电视节目—编辑工作 Ⅳ.G222.1

中国版本图书馆CIP数据核字（2009）第179515号

非线性视频编辑基础与实例
（第2版）

劳光辉　余艳红　编著

□责任编辑	谢贵良
□责任印制	易建国
□出版发行	中南大学出版社
	社址：长沙市麓山南路　　邮编：410083
	发行科电话：0731-88876770　　传真：0731-88710482
□印　　装	湖南鑫成印刷有限公司
□开　　本	889×1194　1/16　□印张 8　□字数 248 千字　□插页 1
□版　　次	2017年1月第2版　□2018年8月第2次印刷
□书　　号	ISBN 978-7-81105-981-6
□定　　价	58.00元

图书出现印装问题，请与经销商调换

前言

在视频与音频的编辑过程中,基于计算机的视频编辑系统可以将视频和音频信息以"剪切与粘贴"的方式随意加入到编辑内容中,这样一个类似于文字处理软件操作的工作流程和系统被称之为"非线性编辑"(简称非编)。

用于视音频节目编辑处理的非编软件在中国电视媒体业界应用已经有十几年了。发展到今天,泾渭分明地形成了两大流派:一类是主流的国外非编软件,如Adobe公司的Premiere Pro被汉化并配以外挂形式的中文字幕形成产品。由于其功能强大,插件丰富,与其它图形视频产品兼容性很强,基本上学会该软件后对其他的非编软件都可以举一反三,因此常常被用于教学。

另一类是国内大公司自主知识产权的产品,如新奥特视频公司的喜玛拉雅非编系列产品、中科大洋的非线性编辑系统、成都索贝数码科技股份有限公司的非编软件等。这类产品由于充分照顾国内广大用户的操作习惯,针对国内电视节目的制作流程和国人使用习惯设计,因此成为主导我国绝大多数电视台用户的主流非编产品。

本书介绍了非线性视频编辑软件Premiere Pro、新奥特公司喜马拉雅非线性编辑系统的使用方法,并讲述了运用Premiere Pro完成视频编辑的过程。本书还配备教学光盘和资料光盘,为学习和操作提供方便。

全书分为2个部分共8章,第1部分为Premiere Pro软件的使用,从软件的基础知识,到基础特效制作,再到完整的视频作品编辑,循序渐进,便于读者掌握。第2部分为喜马拉雅非线性编辑系统的使用方法。本书的大致结构如下:

第1章主要为premiere pro概述,内容包括:适用对象Adobe Premiere Pro的新增特性、对硬件配置的基本要求、支持编辑的素材格式和工作界面的介绍。

第2章为Premiere Pro1.5特效,内容包括:Premiere Pro1.5特效制作、常用的视频转场特效、视频转场特效实例、视频特效应用键控的应用、运动面板设置、字幕的设计方法等。

第3章介绍了Premiere Pro1.5的输出,内容包括Premiere Pro1.5可以输出的文件格式、设置输出参数、输出成电影、快速输出以及其他格式输出。

第4章是对Premiere Pro1.5的技能强化,以视频作品《实训课》制作来讲解如何使用进行完整的视频编辑。

第5~8章为喜马拉雅非线性编辑系统的操作介绍。限于篇幅,教学光盘里还包括有中科大洋、成都索贝公司的非编软件操作指导。

本书的内容安排灵活,可作为高等院校非线性编辑教材,也可以作为刚接触视频编辑制作者的辅导工具书。

本书由劳光辉、余艳红编著。在本书的编写过程中,郭华、崔小芸老师参与了本书的校对工作。特别要感谢杨宇同学对此书的贡献,在此一并感谢。全书由劳光辉教授定稿。

鉴于时间仓促,书中的纰漏和考虑不周之处在所难免,敬请广大读者朋友和同行批评指正,如果您在阅读过程中有问题或意见可以发E-mail至yuerl9748@hotmail.com与我们交流与沟通。

编 者
2009年8月

目录

第一部分　Premiere Pro1.5

第一章　Premiere Pro1.5概述 2
- 第一节　认识Premiere Pro1.5 2
- 第二节　Premiere Pro1.5对硬件配置的基本要求 3
- 第三节　Premiere Pro1.5支持编辑的素材格式　3
- 第四节　Premiere Pro1.5的工作界面 5

第二章　Premiere Pro1.5特效 11
- 第一节　Premiere Pro1.5特效制作 11
- 第二节　Premiere Pro 1.5常用的视频转场特效 15
- 第三节　视频转场特效实例 17
- 第四节　视频特效应用一 19
- 第五节　视频特效应用二 22
- 第六节　键控的应用 24
- 第七节　运动面板设置 28
- 第八节　字幕的设计方法 29

第三章　Premiere Pro1.5的输出 34
- 第一节　在Premiere Pro1.5中可以输出的文件格式 34
- 第二节　设置输出参数 34
- 第三节　输出成电影 35
- 第四节　Premiere Pro1.5快速输出 36
- 第五节　Premiere Pro1.5其他格式输出 38

第四章　Premiere Pro1.5的技能强化 ... 41
- 第一节　制作思路 41
- 第二节　制作过程 41

第二部分　喜马拉雅非线性编辑系统

第五章　界面介绍 48
- 第一节　进入工程 48
- 第二节　工程 50
- 第三节　编辑 52
- 第四节　标记 53
- 第五节　素材 53
- 第六节　序列 53
- 第七节　特技 54
- 第八节　工具 54

第六章　采集与输出 55
- 第一节　采集窗口 55
- 第二节　设置素材信息 59
- 第三节　开始采集 60
- 第四节　素材重采集 61
- 第五节　合成窗口 62

第七章　字幕的添加 64
- 第一节　静帧字幕的添加 64
- 第二节　特技字幕的添加 66
- 第三节　多层字幕的添加 71
- 第四节　滚屏字幕的添加 74
- 第五节　唱词字幕的添加 79
- 第六节　动画字幕的添加 82

第八章　视频特技 83
- 第一节　时间线上的特技 83
- 第二节　特技库 93
- 第三节　用户自定义特技 124

第一部分　Premiere Pro1.5

第一章　Premiere Pro1.5概述

第一节　认识Premiere Pro1.5

1.1.1　认识Premiere Pro1.5

Adobe公司推出的基于非线性编辑设备的视音频编辑软件Premiere已经在影视制作领域取得了巨大的成功。现在被广泛地应用于电视台、广告制作、电影剪辑等领域，成为了当前应用最为广泛的视频编辑软件。作为一款功能强大的视频非线性编辑工具，Premiere Pro 1.5可以进行视频的采集、剪辑、后期编辑合成和视频作品的输出。

Premiere Pro 1.5是Adobe公司2003年推出的新版本。与Premiere 6.5及之前的版本相比，Premiere Pro 1.5秉承了以前的版本的优点并在功能和操作方法上有了不少改进。Premiere Pro 1.5把广泛的硬件支持和坚持独立性结合在一起，能够支持高清晰度和标准清晰度的电影胶片。用户能够输入和输出各种视频和音频模式，包括MPEG2、AVI、WAV和AIFF文件。

Premiere Pro 1.5能够与其他Adobe公司的产品无缝集成，比如Adobe Photoshop、Adobe Effects等。这些集成的特性有利于创建一个更加灵活的工作流程，节省制作时间，提高工作效率。

1.1.2　Adobe premiere pro 1.5的适用对象

Adobe premiere pro 1.5针对视频及后期制作专业人群设计。使用过其他专业视频编辑系统的用户会发现在Adobe premiere pro 1.5中进行编辑更加得心应手，而新手同样会赞赏其直观的界面及其编辑速度。挑剔的专业人士也会赞赏其专业特点，而直接输出DVD选项使得发布更加简单快捷。适用人群：视频专家——创作专业产品如纪录片、商业广告、DV影片以及集会、婚礼；记录事件视频的人群和影视后期制作艺术家——编辑特效电影镜头、动画、音乐电视和短片的人群；电影制片人——对高效快捷的制作和发布数码日志感兴趣的人群；广播电视制片人——创作商业广告、有线电视节目、剪辑片断等专业人群；商务专业人士——需要制作专业水平视频影像的非专业视频制作人士，商务人士可以通过视频影像增强陈说力；网页设计者——需要创作网络流媒体视频内容使网页更加动态化、吸引人，传递更多信息以此吸引和留住访客的人群；视频教育者——教授学生和致力于成为电影制作人的人们怎样低成本地创作专业产品并且提供一个编辑实例环境，促使他们更快地提高进步；爱好者/发烧友——已经拥有一部数码摄像机并致力于用最好的工具自由地制作高品质视频影像的人群。

1.1.3　Adobe Premiere Pro的新增特性

项目管理工具——迅速地从项目中移除无用素材并且整理项目媒体文件到同一位置以便于通过项目管理器存档。

Panasonic 24P/24PA 支持——用新的Panasonic 24P/24PA 格式照相机捕获影片一幕。

贝塞尔关键帧——运用久经考验的，基于spline的贝塞尔关键帧控制器创作更自然、更精致的视觉特效。

效果偏好设置——可以随时储存设置过关键帧的特效，并随时调用。

对高清标准的支持——通过对高清文件导入、编辑，输出和内部传送的支持，应付最高视频产品标准。

自动颜色调整——运用Adobe Photoshop风格的滤镜自动提高图像质量，包括自动色阶、自动色彩、自动对比度以及阴影/高光。

Project-ready Photoshop文件——以当前编辑中的Adobe Premiere Pro项目的Resolution和像素大小在Photoshop中快速创建一个新的图像（部分特性需要Photoshop CS支持）。

Adobe After Effects插件兼容——在Adobe Premiere Pro中直接调用（access）已安装的After Effects版本插件以获得更多视觉特效。

After Effects 剪贴板支持——简单的实现在APP和AE间复制粘贴。

AAF和EDL支持——支持与其他高端编辑系统和应用软件间带有AAF和EDL格式的导入与输出。

第二节　Premiere Pro1.5对硬件配置的基本要求

根据Premiere Pro官方网站提供的资料，Premiere Pro 1.5对电脑的硬件和软件系统要求如下：对于操作系统要求是必须为Windows XP专业版或家庭版，而且最好安装Service Pack 1或Service Pack 2升级补丁。对硬件的要求如下：

· 英特尔 PIII 800MHz处理器（推荐使用英特尔P4 3.06GHz处理器）；

· 256MB内存（推荐使用1GB或更多的内存）；

· 800MB磁盘空间用来安装Premiere Pro 1.5；

· CD-ROM光驱；

· 如要制作DVD,需要兼容的DVD刻录机（支持格式为DVD-R/RW+R/RW）；

· 1024×768分辨率，32位彩色监视器（推荐1280×1024分辨率或者带双头输出的显示卡）；

· 如要采集DV视频，需要OHCI兼容的IEEE1394接口卡和专业的7200RPM、UMDA66的IDE或者SCSI接口的硬盘或者磁盘阵列；

· 第三方采集卡：最好使用通过Adobe Premiere Pro 1.5认证的采集卡；

· 可选功能：ASIO音频硬件设备；5.1音频回放的环绕扬声器系统；

· 与Direct X兼容的声卡。

第三节　Premiere Pro1.5支持编辑的素材格式

1.3.1 静态图像文件

1.3.1.1　JPEG格式

JPEG是Joint Photographic Experts Group（联合图像专家组）的缩写，文件后缀名为".jpg"或".jpeg"，是最常用的图像文件格式，是一种有损压缩格式，能够将图像压缩在很小的储存空间，图像中重复或不重要的资料会被丢失，因此容易造成图像数据的损伤。JPEG格式的应用非常广泛，特别是在网络和光盘读物上，都能找到它的身影。目前各类浏览器均支持JPEG这种图像格式，因为JPEG格式的文件尺寸较小，下载速度快。

1.3.1.2　PSD格式

PSD是PhotoShop中使用的一种标准图形文件格式，可以存储成RGB或CMYK模式，还能够自定义颜色数并加以存储，*.psd文件能够将不同的物件以层（Layer）的方式来分离保存，便于修改和制作各种特殊效果。

1.3.1.3　BMP格式

BMP：Windows位图，是微软公司为Windows环境设置的标准图像格式。在Windows环境下运行的所有图像处理软件都支持这种格式。这种格式虽然是Windows环境下的标准图像格式，但是其体积庞大，不利于网络传输。

1.3.1.4 GIF格式

GIF是Graphics Interchange Format（图像交换格式）的缩写，是由CompuServe公司在1987年开发的图像文件存储格式。GIF格式是Web页上使用最普遍的图像文件格式，只能保存最大8位色深的数码图像，所以它最多只能用256色来表现物体，对于色彩复杂的物体就力不从心了。它的文件比较小，适合网络传输，而且它还可以用来制作动画。

1.3.1.5 TIFF

TIFF是Tagged Image File Format（标记图像文件格式）的缩写，是现阶段印刷行业使用最广泛的文件格式。这种文件格式是由Aldus和Microsoft公司为存储黑白图像、灰度图像和彩色图像而定义的存储格式，现在已经成为出版多媒体CD-ROM中的一个重要文件格式。虽然TIFF格式的历史比其他的文件格式长一些，但现在仍是使用最广泛的行业标准位图文件格式。TIFF格式能对灰度、J键、CMYK模式、索引颜色模式或RGB模式进行编码。几乎所有工作中涉及位图的应用程序，都能处理TIFF文件格式——无论是置入、打印、修整还是编辑位图。TIFF格式可包含压缩和非压缩图像数据，如使用无损压缩方法LZW来压缩文件，图像的数据不会减少，即信息在处理过程中不会损失，能够产生大约2.1的压缩比，可将原稿文件消减到一半左右。

1.3.2 Premiere Pro支持的动画及序列图片文件

Premiere Pro支持的动画及序列图片文件主要有以下几种：Adobe Illustrator生成的AVI格式文件、PSD格式文件、GIF格式的动画文件、LFL和FLC的动画文件、TIP格式的动画文件、FLM格式的胶片文件、TGA的序列文件、BMP格式的序列文件、PIC文件。

1.3.3 视频格式文件

Premiere Pro支持的视频格式文件主要有：

1.3.3.1 AVI格式

AVI也叫做音频视频交错（Audio Video Interleaved）格式，是由Microsoft公司开发的一种数字音频与视频文件格式，原先仅仅用于微软的视窗视频操作环境，现在已被大多数操作系统直接支持。AVI格式允许视频和音频交错在一起同步播放，不具有兼容性。不同压缩标准生成的AVI文件，就必须使用相应的解压缩算法才能将之播放出来。我们常常可以在多媒体光盘上发现它的踪影，一般用于保存电影、电视等各种影像信息。常用的AVI播放驱动程序，主要有Microsoft Video for Windows以及Intel公司的Indeo Video等等。

1.3.3.2 MOV格式（QuickTime）

QuickTime格式是Apple公司开发的一种音频、视频文件格式。QuickTime用于保存音频和视频信息，现在它被包括Apple Mac OS、Microsoft Windows 95/98/NT在内的所有主流电脑平台支持。QuickTime文件格式支持25位彩色，支持领先的集成压缩技术，提供150多种视频效果，并配有提供了200多种MIDI兼容音响和设备的声音装置。新版的QuickTime进一步扩展了原有功能，包含了基于Internet应用的关键特性。QuickTime因具有跨平台、存储空间要求小等技术特点，得到业界的广泛认可，目前已成为数字媒体软件技术领域的事实上的工业标准。

1.3.3.3 MPEG/MPG/DAT格式

MPEG/MPG/DAT格式是Moving Pictures Experts Group（动态图像专家组）的缩写，由国际标准化组织ISO（International Standards Organization）与IEC（International Electronic Committee）于1988年联合成立，专门致力于运动图像（MPEG视频）及其伴音编码（MPEG音频）标准化工作。MPEG是运动图像压缩算法的国际标准，现已被几乎所有的计算机平台共同支持。和前面某些视频格式不同的是，MPEG采用有损压缩方法减少运动图像中的冗余信息，从而达到高压缩比的目的，当然这些是在保证影像质量的基础上进行的。MPEG压缩标准是针对运动图像而设计的,其基本方法是:在单位时间内采集并保存第一帧信息,然后只存储其余帧相对第一帧发生变化的部分,从而达到压缩的目的。MPEG的平均压缩比为50:1,最高可达200:1,压缩效率之高由此可见一斑。同时图像和音响的质量也非常好,并且在微机上有统一的标准格式,兼容性相当好。MPEG标准包括MPEG视频、MPEG音频和MPEG系统(视频、音频同步)三个部分。MP3音频文件就是MPEG音频的一个典型应用,而Video CD (VCD)、Super VCD (SVCD)、DVD (Digital Versatile Disk)则是全面采用MPEG技术所产生出来的新型消费类电子产品。

1.3.3.4 Premiere Pro 1.5支持的其他文件

Premiere Pro支持DV格式的视频文件；Windows Media Player文件；其他文件,格式包括:*.wma *.wmv *.asf。

1.3.4 Premiere Pro1.5支持的音频格式文件

Premiere Pro1.5支持的音频格式主要有以下几种:MP3格式的音频文件、WAV格式的音频文件、AIF格式的音频文件、SDI格式的音频文件、Quick Time格式的音频文件。

第四节 Premiere Pro1.5的工作界面

1.4.1 工作界面

Premiere Pro1.5工作界面主要分为以下几大版块:Premiere Pro1.5菜单栏、项目窗口(Project)、时间线窗口(Timeline)、监视器窗口(Monitor)以及各功能面板(图1-1)。

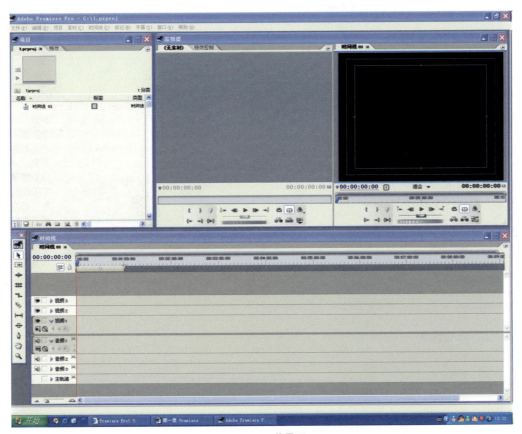

图1-1 工作界面

1.4.2 Premiere Pro1.5菜单栏

在Premiere Pro中，菜单栏为编辑工作提供一般的操作和属性设置。它由文件（File）、编辑（Edit）、项目（Project）、素材（Clip）、时间线（Sequence）、标记（Marker）、字幕（Title）、窗口（Windows）和帮助（Help）菜单组成。（见图1-2～图1-11）

图1-2 菜单栏

图1-3 文件菜单

图1-4 编辑菜单：实现一些常规的编辑操作

图1-5 项目菜单：实现对项目的具体操作

图1-6 素材菜单：实现对素材的具体操作

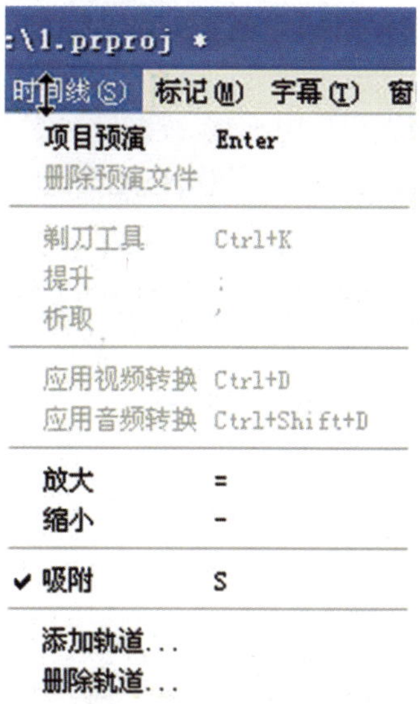

图1-7 时间线菜单：对项目中当前的活动序列进行编辑处理

图1-8 标记菜单：实现对素材标记和场景序列标记进行编辑处理

图1-9 字幕菜单：实现字幕制作过程中的各项编辑和调整

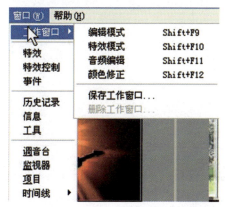

图1-10 窗口菜单：实现对各种编辑窗口和控制面板的管理

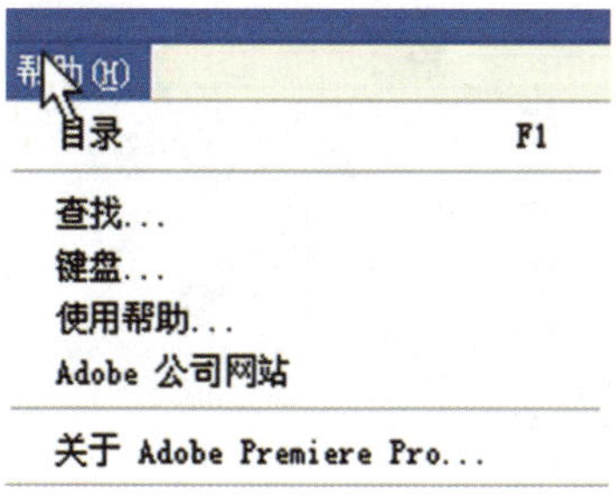

图1-11 帮助菜单：提供在线帮助

1.4.3　Premiere Pro1.5项目窗口

项目工程"Project"窗口，主要用来调入素材、存放素材。同时，该窗口还集成有"Effects"窗口，里面包括音频、视频转场、特效、预置特效等。可通过点击窗口中的名称来回切换。

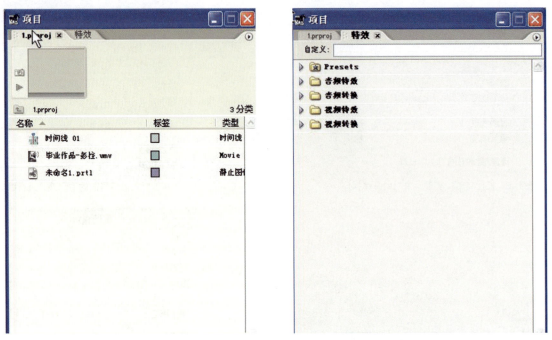

图1-12　项目窗口：用来导入和存储供时间线窗口中编辑合成的原始素材

1.4.4　Premiere Pro1.5时间线窗口

时间线"Timeline"窗口，主要用来编辑连接素材、加入切换、特效等。（图1-13）

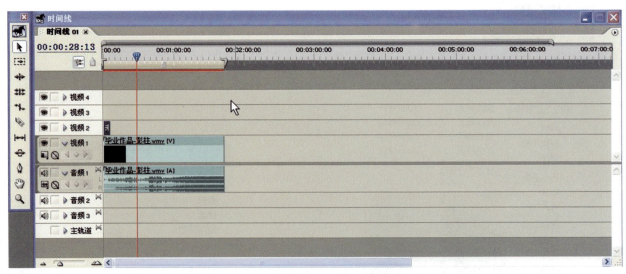

图1-13　时间线窗口：工作界面的核心

1.4.5 监视器/剪切窗口

监视预览"Monitor"窗口，对素材进行剪辑、对时间线上素材进行特效、转场设置、对时间线上的素材进行预览。剪辑与特效控制窗口也是通过点击名称切换的。

图1-14　监视器/剪切：对编辑项目进行实时预览

1.4.6　Premiere Pro1.5功能面板

Premiere Pro1.5在以前版本的界面基础上做了很大的调整，为了便于更好地把握，特将其功能面板单独列出来进行认识。

Premiere Pro功能面板包括"Effect Control"特效控制、"Effect"特效、"history"历史、"Info"信息、"Audio Mixer"声音混合器。其中，"Effect Control"特效控制、"Effect"特效分别和项目工程"Project"窗口、监视预览"Monitor"窗口集中在一块的。

图1-15　嵌入的特效面板：包含音视频特效和转场

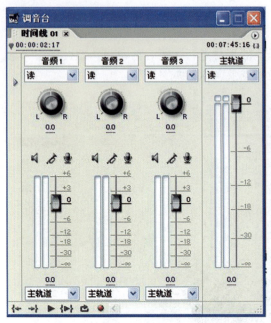
图1-16 调音台面板：针对音频的编辑操作

图1-17 历史面板：历史记录功能

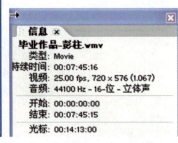
图1-18 信息面板：显示素材信息

1.4.7 独立的工具栏

Premiere Pro1.5 将以前集成在Timeline窗口中的工具栏分离出来，并对工具栏进行了适当的简化。

选择工具：用于选择素材、移动素材、调节素材关键帧

轨道选择工具：用于选择某一轨道上的所有素材

波纹编辑工具：拖动素材的出点可以改变素材的长度

旋转编辑工具：用来调整两个相邻素材的长度

比例伸展工具：对素材速度的调整

剃刀工具：用于分割素材

滑动编辑工具：改变一段素材的入点和出点

幻灯片工具：保持要剪辑素材的入点和出点不变，改变前一素材出点，后一素材入点

钢笔工具：主要用来调整素材的关键帧

手动工具：改变时间线窗口的可视区域，在编辑较长的素材时方便观察

缩放工具：用来调整时间线窗口显示的时间单位，按Alt键可放大和缩小

图1-19 工具栏

第二章　Premiere Pro1.5特效

第一节　Premiere Pro1.5特效制作

2.1.1　3D Motion特效转场

2.1.1.1　3D Motion视频转场——单边门

（1）打开Adobe Premiere Pro 1.5，新建项目后，双击素材窗口，将光盘中的素材文件夹"Chpt01\素材"中的文件"001.jpg"和"002.jpg"框选，如图2-1所示

图2-1

添加后，再次框选拖入到时间线（Timeline）窗口中，并将两段素材相连。（图2-2）

图2-2

（2）点击项目窗口，选择右侧的特效菜单，打开特效面板。（图2-3）

图2-3

图2-4

在视频转换文件夹中选取3D Motion，点开左边的小三角形，选择子文件夹中的"单边门"转场特效。（图2-4）

图2-5

拖动单边门转场特效到时间线（Timeline）窗口中两段素材的连接处，该特效即应用到影片中了。（图2-5）

图2-6

点击监视器窗口的PLAY小三角形即可看到预览效果，具体的效果展示在光盘中的"Chpt01\最终输出效果"中。（图2-6）

2.1.1.2 3D Motion视频转场的其他特效以及参数设置

通过对3D Motion视频转场中的其他几个特效的应用，我们将进一步了解视频转场的具体参数设置以及设置后所达到的效果。

（1）首先打开Adobe Premiere Pro 1.5，新建一个工程文件，点击文件项目窗口，在下拉列表中选择"Import导入"，将光盘中"Chpt02\素材"文件夹中的"003.jpg"、"004.jpg"、"005,jpg"、"006.jpg"、"007.jpg"、"008.jpg"框选，添加后将其全部拖入到时间线窗口中。

（2）点击项目窗口，选择右侧的特效菜单，打开特效面板，在视频转换文件夹中选取3D Motion，点开左边的小三角形，分别将子文件夹中的"单边门""单边缩放""翻筋头""空翻""立方体旋转"等视频特效拖放到每段素材相连接处，此时我们可以看到，每两段素材的间隔处都有一个视频转场效果，点击第一个单边门效果，如图2-7所示。

点击后我们可以看到监视器窗口出现了该转场特效的特效控制面板，拖动时间线到该特效上观看到添加后的效果，如图2-8所示。

勾选控制面板中的反转，还可以使转场特效的方向相反。

（3）点击第2个转场特效"单边缩放"，在Alignment选项中，选择"开始在切口上"。如图2-9所示。

图2-7

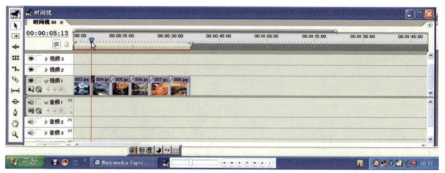

图2-8

图2-9

我们可以很明显地看到第2个视频转场的位置往右边移动了一点,它的开始点在切口处。如图2-10所示。

图2-10

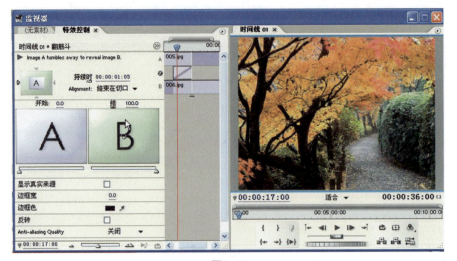

(4)点选第3个视频特效,在特效控制中的Alignment选项中,选择"结束在切口",我们也可以同样的看到转场特效的位置改变了。如图2-11所示。

图2-11

点击第4个转场特效,在特效控制中左右拉动视频转场的边框,都可以改变视频转场的持续时间,如图2-12所示。

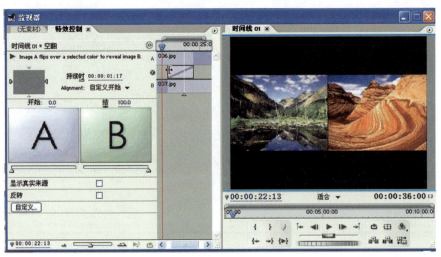

图2-12

同样地，也可以通过拖动时间线上的视频转场边框来达到改变特效的持续时间，如图2-13所示。

点击监视器上的播放键可以看到预览效果，最终输出效果保存在"Chpt02\最终输出效果"文件夹中。

图2-13

第二节　Premiere Pro 1.5常用的视频转场特效

我们将介绍在电视电影作品经常用到的视频转场特效，并通过综合实例让读者达到对视频转场特效的应用能够举一反三。

（1）打开Adobe Premiere Pro 1.5，新建一个工程，打开工程后，点击文件项目窗口，在下拉列表中选择"Import导入"，将光盘中的素材文件夹"Chpt03\素材"中的"MM1.jpg""MM2.jpg""MM3.jpg""MM4.jpg""MM5.jpg""MM6.jpg""MM7.jpg"添加并拖入到时间线窗口。

（2）点击项目窗口，选择右侧的特效菜单，打开特效面板，在视频转换文件夹中分别选取Dissolve文件夹中的"不相加溶解""黑闪""交叉溶解""相加溶解"，Stretch文件夹中的"伸展（缩小）"，Zoom文件夹中的"交叉缩放"分别拖放到每段素材的相连接处，调整好每个特效的持续时间后，让我们来看看每个转场特效的效果。

2.2.1　Dissolve（淡入淡出）

淡入淡出转场效果是广泛运用到电视电影作品当中的，效果如图2-14所示。

图2-14

2.2.1.1 "黑闪"

黑闪是一种最简单的过渡方式，第一个画面逐渐黑场，而第二个画面逐渐从黑场过渡到正常画面。

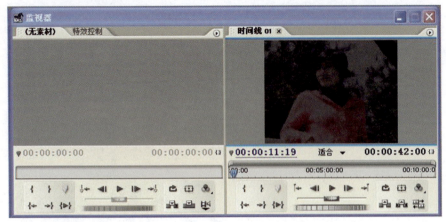

图2-15

2.2.1.2 "交叉溶解"

"交叉溶解"即我们常说的叠画，它是系统默认的转场特效，是最常用到的，所以该特效的文字上有一圈红边。当拖动时间线到两段素材的交汇处时可以选择快捷键CTRL+D来添加该转场效果。

2.2.1.3 "相加溶解"

"相加溶解"俗称"闪回"，在影视作品中，当要进行回忆经常用此效果转场。

图2-16

2.2.2 Stretch（伸展类）

如果说Dissolve这类转场效果起到的是一种氛围的烘托效果，而Stretch（伸展）则是跟Adobe Premiere Pro 1.5里大多数转场特效一样，是一种视觉冲击，而其中的"伸展（缩小）"效果又是比较典型的一个，如图2-17所示。

此类效果用在快速进入画面的镜头中特别适用，能起到一种突出动感的作用。

图2-17

2.2.3 Zoom（缩放）

Zoom是变焦的意思，它能起到镜头的推拉效果。（图2-19）

其效果是将一段素材放大，然后再将一段素材缩小，在视觉上让人感觉镜头推上去，然后拉回来又是另外一个素材了，在影视作品中经常起到一种时空转换的感觉。最终效果在光盘的"Chpt03\最终输出效果"可以查看。

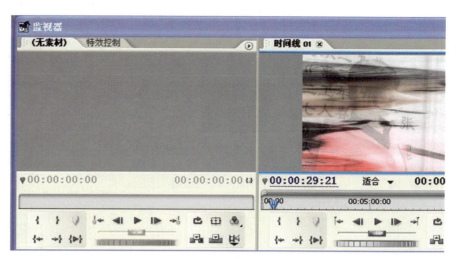

图2-18

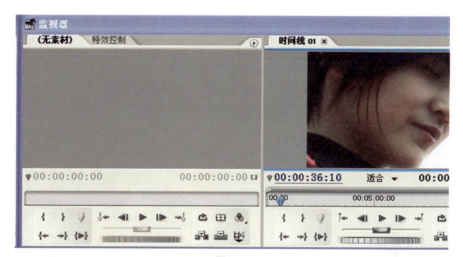

图2-19

第三节　视频转场特效实例

Adobe Premiere Pro 1.5中的转场特效都大同小异。读者可以自己一个一个慢慢摸索一下。这里我们将介绍一个稍微复杂一点的转场特效，作为视频转场实例的收尾。

（1）打开Adobe Premiere Pro 1.5，新建一个工程，打开工程后。

（2）点击文件项目窗口，在下拉列表中选择"Import导入"，将光盘中的素材文件夹"Chpt04\素材"中的"0020.jpg"和"0072.jpg"添加并拖入到时间线窗口，将其连接在一起。

图2-19

（3）调整好两个素材的大小适合监视器后，点击项目窗口，选择右侧的特效菜单，打开特效面板，在视频转换文件夹中选取Special Effects文件夹中的"图像遮罩"特效并拖入到两段素材的连接处，此时弹出了一个图像设置的对话框，点击选择图像，然后选择光盘素材文件夹"Chpt04\素材"中的channel141.tga文件，如图2-19所示。

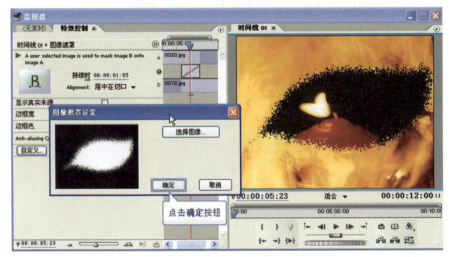

图2-20

点选确定后我们可以看到该TGA文件中间的白色部分成了透明的，透出了第2段素材，而黑色部分则仍是第1段素材，这就是所谓的蒙板，也就是遮罩，效果如图2-20所示。

图2-21

为了更直观地展现遮罩的作用，我们将重新应用一遍该转场特效，并将后一段素材设置为纯黑色的底。重新将素材"0020.jpg"拖放到时间线窗口，并设置好合适的大小，然后新建一个彩色蒙板，如图2-21所示。

并设置其颜色为白色，然后拖放到时间线窗口第2个"0020.jpg"的素材后面，将其连接。再次将转场特效"图像遮罩"拖放到该两段素材的连接处，在遮罩的图像设置里选择"channel164.jpg"如图2-22所示。

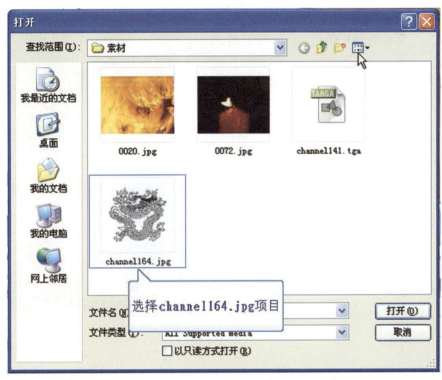

图2-22

我们可以看到，这就是一张普通的图片格式而非TGA文件，点确定后我们可以看到效果如图2-23所示。

一条金黄色带渐变的龙已经出现在了屏幕上，这就是遮罩的作用，在以后的学习中我们还将进一步详细地讲述遮罩的使用。最终输出效果在光盘的"Chpt04\最终输出效果"文件夹中，读者可以自行查看。

图2-23

第四节　视频特效应用一

在实例中，我们将通过2个视频特效的应用，让读者了解视频特效的作用并掌握视频特效的参数设置。

（1）打开Adobe Premiere Pro 1.5新建一个工程文件后，将光盘中的素材文件夹"Chpt05\素材"中的"1.jpg""2.jpg""3.jpg"导入到时间线窗口，并将三个素材的比例缩放到适合监视器的大小。

（2）点击项目窗口，选择右边的特效菜单，打开特效面板，在视频特效文件夹中选取子文件夹RENDER中的Lens Flare特效，并将其拖放到第一个素材上，此时将弹出对话框，如图2-24所示。

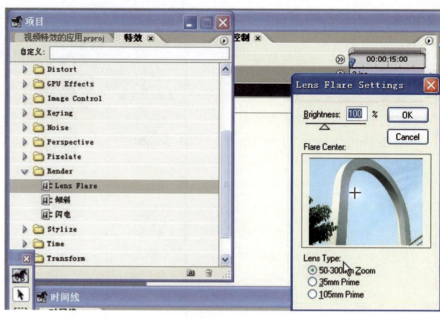

图2-24

在预览设置中将光晕拖放到左上角，并在Lens Type选项中选择105mm Prime，并点击OK按钮。然后选择特效控制面板，并展开Lens Flare特效的用于参数设置的小三角形，并将centerX、centerY、brightness三个参数的关键帧点选，如图2-25所示。

然后将编辑线后移到该段素材的末尾处，并单击设置按钮打开对话框，如图2-26所示。

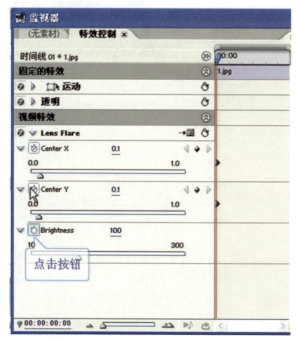

图2-25

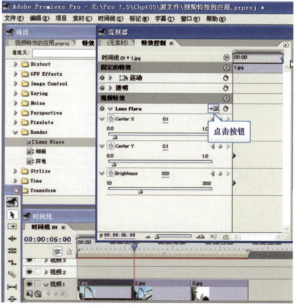

图2-26

将光晕拖放到右上角的位置,并将Brightness设置的调节杆拖至300%,并点OK确定,如图2-27所示。

图2-27

此时我们可以看到特效控制面板中该素材的关键帧设置处又自动添加了3个关键帧。

在预览过第一个素材的效果后我们将设置第2个素材。在Adobe Premiere Pro 1.5中,为了操作者的方便,在使用同样的特效同样的设置时,是可以"复制粘贴"的,点选第一个素材,并右击选择"复制",如图2-28所示。

图2-28

同样地,点选第2个素材并右击选择"粘贴属性",如图2-29所示。

图2-29

此时我们可以看到控制面板中第2个素材的关键帧排列和参数值与第1个素材是一样的,而这并不是我们想要达到的效果,将该素材的左边3个关键帧与右边的对调下位置,预览后我们可以发现,该素材的光晕的位移以及光的强度大小都与第1个效果完全相反,此时就与第1个素材形成了转场的关系。在第2个素材与第3个素材之间添加一个转场特效,如图2-30所示。

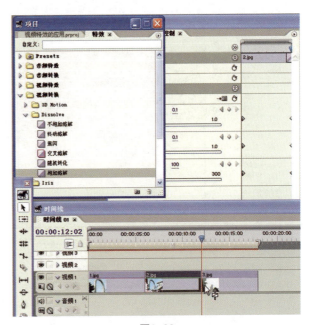

图2-30

添加后在视频特效中选择BLUR SHARPEN中的高斯模糊拖放到第3个素材上，如图2-31所示。

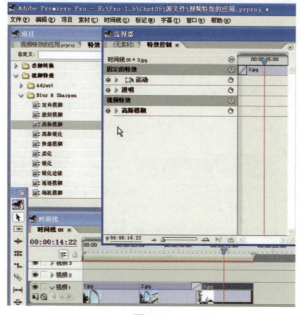

图2-31

同样的方法，在该素材一个位置设置一个关键帧，如图2-31所示。

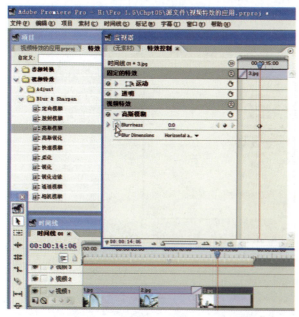

图2-31

然后将编辑线拖到该素材的末尾处，在高斯模糊的BLURRINESS中设置该值为30，如图2-32所示。

预览后我们可以看到第3个素材由清晰逐渐变模糊了，这也是电影电视作品经常用到的视频特效。至此，一个短小但是完整的剪辑片段就产生了，最终输出效果读者可以从光盘中的"Chpt05\最终输出效果"查看。

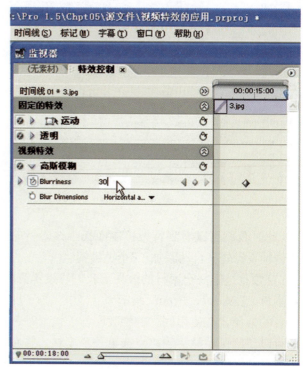

图2-32

第五节　视频特效应用二

在实例中，将通过对视频特效"光学畸变"和"素材"的应用，我们来更加深入地了解视频特效在影视作品中发挥的作用。

（1）打开Adobe Premiere Pro 1.5新建一个工程文件后，将素材文件夹"Chpt06\素材"中的素材"1.jpg"　"2.jpg"　"3.jpg"添加到素材窗口，然后分别将每个素材重复拖两个放入时间线窗口，如图2-33所示。

然后将每段素材的大小调整至合适监视框的大小。调整完毕后，在时间线窗口为素材"1.jpg"后的重复素材添加视频特效"Distort-光学畸变"，并将Curvature的值设置为最大，如图2-34所示。我们还可以从监视器上看到添加后的效果。

我们可以清楚地看到，该素材被添加"光学畸变"效果后，像是摄影的时候用了一个广角镜。

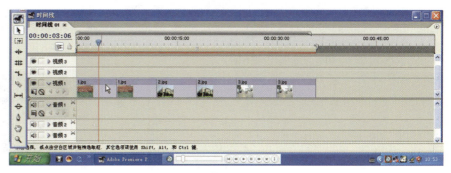

图2-33

图2-34

（2）我们继续为该素材添加特效"Transform-素材"，将该特效拖放到该素材上后，我们在该素材的第一帧上将其预置的关键帧都点上，如图2-35所示。

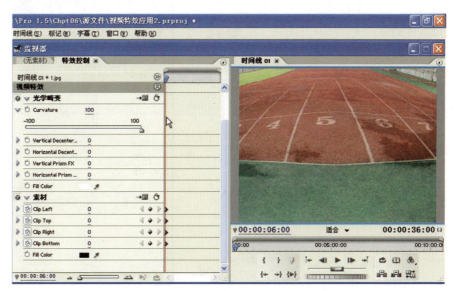

图2-35

将编辑线拖到该素材中间的位置,点击设置按钮,将上下各设置为50%,如图2-36所示。

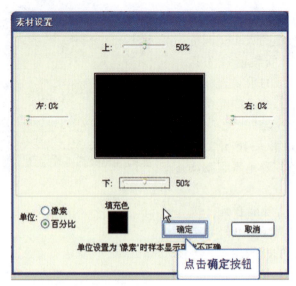

图2-36

然后我们再将该素材第一帧的四个关键帧全部复制,粘贴到该素材的最后一帧,拖动时间线,预览一下,可以发现,此时已经模拟出了一个照相机快门的效果了。当然,使用该特效还可以用来做遮幅,以达到16:9的电影宽屏效果。特效"修剪"也和此特效类似的用法。

(3)将该特效的属性复制,然后分别粘贴到其余几个素材的重复素材上,然后再为其添加转场特效,一段素材剪辑成品就暂告一段落了。最终输出效果请查看光盘"Chpt06\最终输出效果"文件夹。

第六节　键控的应用

在本实例中,我们将一起来学习键控的应用。

(1)打开Adobe Premiere Pro 1.5,新建一个工程,将素材文件夹"Chpt07\素材"中的"GE103齿轮组.MOV""PAV21_6海&天.MOV""PAV21_8.树林飞行.MOV""PAV21_9叶浪&天.MOV"添加到素材窗口,然后将素材"GE103齿轮组.MOV"拖放到时间线窗口,并为其添加视频特效"Keying-色键",并在颜色选项上用取色工具在监视器上选取一个颜色,如图2-37所示。

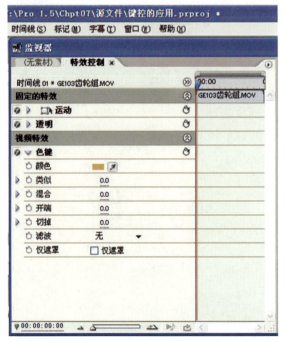

图2-37

在该素材第一帧的位置，也"类似"选项上点关键帧，值为0，然后拖动编辑线到该素材的最后一帧，设置"类似"值为最大100，并添加关键帧，如图2-38所示。

拖动时间线预览我们可以发现类似我们选取的颜色区域被慢慢地抽空了，这就是色键的作用，它可以提取颜色。

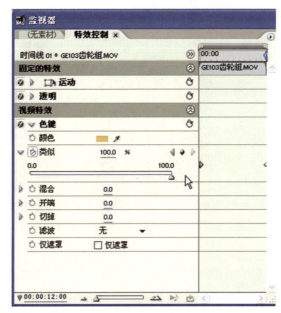

图2-38

(2) 将素材"PAV21_6海&天.MOV"也拖放到时间线上，调整到合适监视器的大小，为该素材添加键控特效"Keying-图像蒙板"，并点击设置按钮选择蒙板，如图2-39所示。

图2-39

选择完毕后我们再将复合使用的下拉列表改为"亮度蒙板"，此时可以看到效果如图2-40所示。

在以前视频转场的实例中我们也有应用过，其实任何灰度图的PSD，TGA，JPEG，BMP格式文件都可以这样应用。

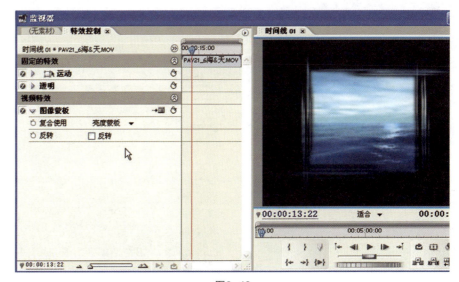

图2-40

图2-41

(3) 接着我们将"PAV21_8.树林飞行.MOV""PAV21_9叶浪&天.MOV"也拖放到时间线窗口,并将"PAV21_8.树林飞行.MOV"放在"PAV21_9叶浪&天.MOV"同位置的视频2轨道上,持续时间长短也和"PAV21_9叶浪&天.MOV"相同。调整完两个素材的长宽大小后,可以看到,此时视频2轨道是完全覆盖视频1轨道的。接着我们为素材"PAV21_8.树林飞行.MOV"添加键控特效"Keying–遮照模式",并在"合成使用"的下拉菜单中选择"亮度遮罩",如图2-41所示。

在"遮罩"选项的下拉列表中选择"视频1",如图2-42所示。

图2-42

此时我们可以看到视频轨2已经将视频轨1作为亮度遮罩透过去了,如图2-43所示。

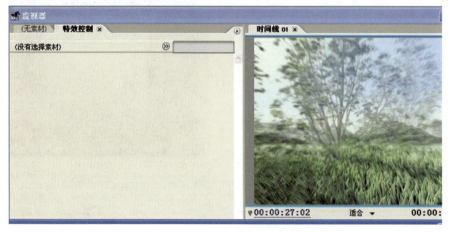

图2-43

将遮罩选择为视频2，则视频轨1将视频轨2作为亮度遮罩，如图2-44所示。

叠加方式完全改变了。

图2-44

（4）接着我们将素材"GE103齿轮组.MOV"再一次拖放到时间线窗口的视频2轨道上，并且建立一个和素材颜色接近的Color matter，如图2-45所示。

拖放到"GE103齿轮组.MOV"下的视频1轨下，并将持续时间拉伸到和"GE103齿轮组.MOV"相同，然后为视频2轨上的素材"GE103齿轮组.MOV"添加键控特效"Keying-8点可调控遮罩"，并在"右下"选项中将值设置为如图2-46所示。

此时我们可以看到，素材"GE103齿轮组.MOV"右下角的黑色区域已经没了，透到了彩色蒙板上了。这个特效对于抠像来说非常有作用。然后我们再将彩色蒙板的透明度稍微地设置一下，上下两个视频结合得就更加真实了。

几个比较常用的键控就介绍到这里了，最终输出效果请查看光盘"Chpt07\最终输出效果"文件夹。

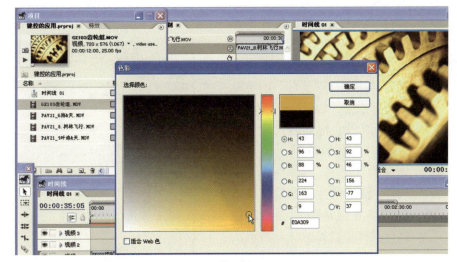

图2-45

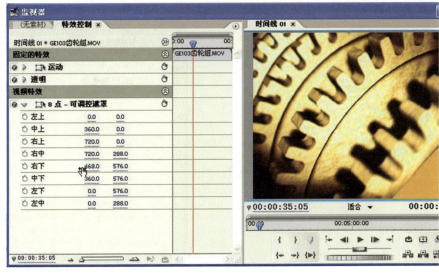

图2-46

第七节 运动面板设置

在本实例中，我们将学习运动设置面板，了解如何为视频添加运动效果。

（1）打开Adobe Premiere Pro 1.5，新建一个工程，将素材文件夹"Chpt08\素材"中的素材全部添加到素材窗口，然后添加两个视频轨道。添加完毕后，将素材"009.jpg""013.jpg"分别拖放到"视频5""视频1"轨道上，并设置持续时间为等长。点选素材"009.jpg"，打开其特效控制面板的运动面板，并在其第一帧的位置上将"位置""比例""旋转"的关键帧全部点上，如图2-47所示。

将编辑线拖动到该素材四分之一左右的位置，设置该素材的"比例"为50%，"旋转"为2*360度，然后将该素材的位置拖动到左上角的位置，具体参数如图2-48所示。

（2）点选素材"010.jpg"，在该编辑线位置，也就是素材"009.jpg"第2次关键帧的位置上，为素材"010.jpg"将"位置""比例""旋转"的关键帧全部点上，值全部为预设值，然后拖动编辑线到素材二分之一的位置，设置"比例"为50%，"旋转"为2*360度，然后将该素材的位置拖动到右上角的位置，如图2-49所示。

图2-47

图2-48

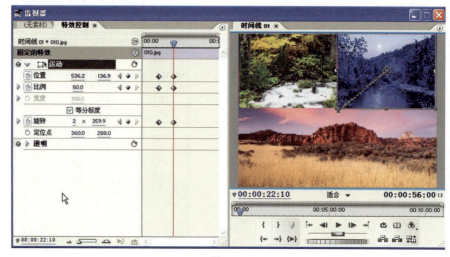

图2-49

依此方法分别设置"011.jpg""012.jpg",得到效果如图2-50所示。

点选素材"009.jpg",点开透明设置面板,在该编辑线位置上将其"不透明性"设置为100%,如图2-51所示。

同样地,为素材"010.jpg""011.jpg""012.jpg"也添加上关键帧,然后将编辑线拖到素材的最后一帧,将素材"009.jpg"~"012.jpg"不透明性的值全部设置为0。最后将素材"013.jpg"的持续时间拉长,也改变其透明度,添加一个淡出效果,这样一个运动视频就基本设置完毕了。最终输出效果请查看"Chpt08\最终输出效果文件夹。

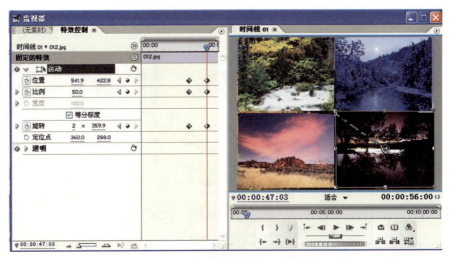

图2-50

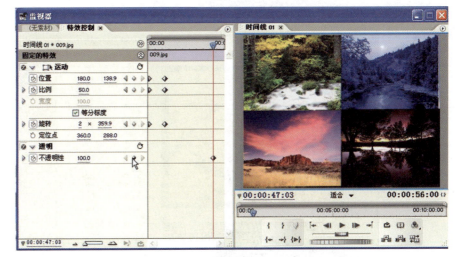

图2-51

第八节　字幕的设计方法

在本实例中,我们将一起来学习字幕的一些基本设计方法。

(1) 打开Adobe Premiere Pro 1.5,新建一个工程,将素材文件夹"Chpt08\素材"中的素材"GOLD-1.jpg"、"GOLD-2.jpg"添加到素材窗口,然后拖放到时间线上。点击文件项目窗口,在下拉列表中选择"新建—字幕",如图2-52所示。

图2-52

图2-53

（2）选择文字输入工具，在上面输入文字"GOLD"，并且在字体的属性设置中在字体选项中选择一种字体，如图2-53所示。

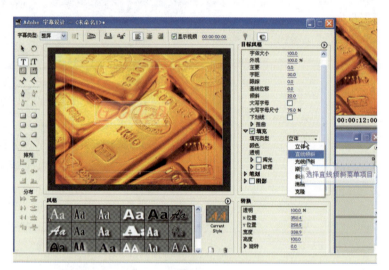

图2-54

（3）依次设置属性选项中的其他设置，调整到自己喜欢的样式。接着钩选"填充"复选框，选择一个合适的颜色，并将填充类型改为"直线倾斜"，如图2-54所示。

图2-55

（4）点击左边那个橙色的小正方形，设置透明度为50%，此时我们可以看到字幕"GOLD"上半部分的颜色变得半透明了，接着我们再钩选"辉光"复选框，将"颜色""透明""大小""转角""偏移"等设置到自己喜欢的样式，得到效果如图2-55所示。

（5）钩选"纹理"复选框，Adobe Premiere Pro 1.5可以有一些预置的纹理TAG文件可供选择，它可以使字体获得该纹理效果。同样地，钩选"阴影"复选框后，里面的设置和上面的都大同小异，它可以使字体看起来有一种立体效果。

步骤二：选择旋转工具，调整一下字体的摆放角度，如图2-56所示。

图2-56

（6）使用选择工具，在屏幕的中下位置插入素材文件夹中的标志，如图2-57所示。

图2-57

（7）添加完毕后，调整其长宽，最后得到效果如图2-58所示。

（8）将字幕保存并拖放到时间线窗口，为其添加一个运动效果，这样，一个简单的字幕设计就初步完成了。最终输出效果请查看光盘中的"Chpt09\最终输出效果"文件夹。

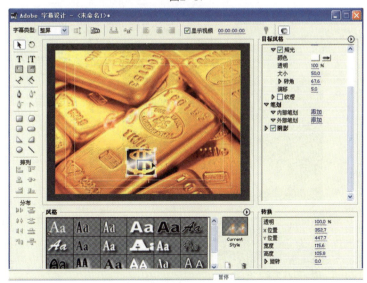

图2-58

2.8.1 滚动字幕的应用

在本实例中，我们将学习滚动字幕的应用。

（1）打开Adobe Premiere Pro 1.5，新建一个工程，然后将"Chpt10\素材"中的素材，即将我们以前制作好的一段运动视频实例导入素材框，然后添加到时间线窗口，再新建一个字幕，选择文字输入工具，设置"字体"为隶书，输入文字"导演"，然后将"阴影"的复选框钩选，如图2-59所示。

图2-59

使用选择工具，选择"导演"字幕，并且右键复制，如图2-60所示。

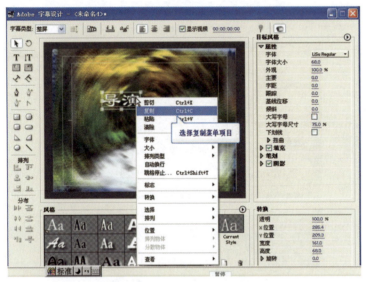

图2-60

粘贴5次，并将重复的5个字幕依次拖放排列在监视器中央的位置，然后在"字幕类型"的下拉菜单中选择"滚动"，如图2-61所示。

图2-61

全选这几个字幕，右击选择"位置"—"水平居中"，调整完毕后，选择文字输入工具，将第2个"导演"字样更改为"摄像"，此时我们看到该摄像字样的属性设置，阴影都和"导演"字样一样，这就是我们复制然后粘贴的目的，它可以避免重复修改字幕样式，相当于视频特效中的"属性粘贴"，依次将下面几个"导演"字样更改为"剪辑""主演""配音""剧务"，然后将它们的"字距"值全部调整为27。

（2）点击字幕选项，在下拉列表中选择"滚动/爬行选项"，如图2-62所示。

将"开始屏幕"和"结束屏幕"钩选，如图2-63所示。

保存字幕后将字幕拖放到时间线上，拖动编辑线，我们可以看到字幕已经自下而上从屏幕外滚动进入然后在滚动出屏幕了。

至此，一个滚动字幕就制作完毕了，最终输出效果请查看："Chpt10\最终输出效果"文件夹。

2.8.2 爬行字幕的制作方法

爬行字幕的制作方法和滚动字幕的制作方式是完全一样的，只是将"字幕类型"的下拉菜单中改选 "爬行"就可以了，具体操作请学习视频教程。

最终输出效果请查看"Chpt11\最终输出效果"文件夹。

图2-62

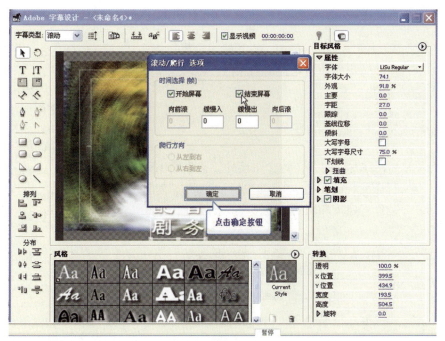

图2-63

第三章 Premiere Pro1.5的输出

第一节 在Premiere Pro1.5中以输出的文件格式

在Premiere Pro1.5中可以输出的文件格式主要有以下几种：

·Microsoft DV AVI——数码摄像机格式

·Microsoft AVI（Audio Video Interleaved）——在Windows中使用的视频文件格式

·Animated GIF——GIF动画文件，不含音频，用于网页显示

·Filmstrip——电影胶片，不含音频，尺寸最大

·Fic/Fli——支持系统的静态画面或动画，尺寸较大

·Quick Time——用于Windows和Mac OS系统，适合网上下载，尺寸较大

·Targa、TIFF、BMP、GIF——图像（静态）序列

·RM流媒体文件——可用Real Player播放，尺寸最小

·新增的Windows媒体文件——wma音频wmw视频

·Windows Audio Waveform（WAV）——Windows和网络中常用的音频格式

第二节 设置输出参数

在Premiere Pro1.5设置输出参数非常重要，主要输出参数包括数据的压缩、传输速率以及关键帧。

3.2.1 数据的压缩

为减小视、音频文件尺寸，通常输出时要进行压缩，而在播放的同时进行解压缩，对计算机的运行速度和网络传输速度有要求

·Codec（Code Decode）——视频的数字信号编、解码器一种编码、解码的算法，不同的播放器均内设有各不相同的Codec，如：Video for Windows和Quick Time中都有各自的Codec，互不兼容，所以在项目输出中必须对应设置。

3.2.2 设置关键帧

一些Codec通过压缩关键帧的方法实现对视音频文件大小和画面的质量控制（不支持的则不会显示），可在项目设置中或项目输出时进行关键帧的设置。

·在Kegframe and Rendering页中——Keyfram Every—Frames每隔指定的帧数创建一个关键帧

·add Frames at Marks——在时间线中有标记处创建一个关键帧

·add Frames at Edit——在时间线中每个编辑点创建一个关键帧

若3个都不选，即不设关键帧，也相当于每一帧都是关键帧。设置关键帧后，其它帧由关键帧插值算出，这样可减少文件容量。

3.2.3 数据传输速率

数据传输速率可在项目设置中或项目输出时进行设置。

·在Viedeo页中使用Limit data rate to—K/sec 设定传输速率上限；

在Internet中在线播放——上限为128K/s；

在局域网中在线播放——可用默认的1000K/s；

输出到光盘上直接播放——上限还可设置得高些；

·Recompress——指定输出视频时候的压缩速率；

Always——压缩每一帧；

Maintain Data Rate——仅对超出数量限制的帧进行压缩。

第三节 输出成电影

可供连续观看的视频文件可以称为广义的Movie（电影）输出成电影是一种传统的输出方式，设置的方法还是在右下角点Settings，然后在General一页中可以选择输出视频文件的格式，如Microsoft AVI、DV AVI、QuickTime等，在Video一页中可以选择压缩Codec，在Keyframe and Rendering一页中可以设置"场"，如果制作VCD，或者其它用来在电脑上播放的视频文件，一定要选No Fields。

·设置输出属性：File|Export Time Line|Movie

·General——页面

File——文件类型

Advanced Setting——设置输出文件的高级属性只有GIF动画等少数几种有

Range——输出范围

Work Area——工作区

Entire Project——整个时间线上包含的片断。

Export Video——是否输出视频。

Export Audio——是否输出音频。

Open When Finished——完成输出后，打开Clip窗播放。

Been When Finished——完成输出后，系统发出提示音。

Embedding Options——嵌入选择，该项中包括"无（None）"和"项目"（Project Link）两个选项。

·Video页面

Compressor——指定一个CODEC（编解码器）视频压缩算法，其设置取决于General页中所指定的文件类型。

Depth（深度）——指定输出时视频画面使用的颜色深度，其参数越小，输出文件尺寸越小，若Palette可用，设置视频画面使用的颜色。

Quality（质量）——参数越高，画面越清晰，占用系统资源较多。

·Audio页面

Compressor（压缩算法）——指定一个合适的音频压缩算法。

Interleave——指定音频信息在加入视频帧中所使用的插入方式，将指定时间长度的音频载入内存并播放，直到下一时间单位出现，指定值越高，占用内存越多。指定1帧时，意味着播放一个帧画面时，该时间长度的音频将载入内存，音频将一直播放到下一帧出现。

·Progressing Options

hance Rate Conversion——增强速率转化模式

Off——默认处理速度快，可得到中等音频质量

Good——平衡音频各方的质量，处理时间较多

Best——得到更高的音频质量，需时更多

Use Logarithmic Audio Fades——使用对数式音频淡化

默认线性——对数处理符合人耳听音感觉，处理时间较长。

·Kegframe and Renderin页

Ignore Audio Effects——忽略音频滤镜效果

Ignore Video Effects——忽略视频滤镜效果

Ignore Audio Rubber Bands——忽略对音频淡化和Pan的处理

Frames Only at Markers——仅输出标记点处的帧

Fields——选择输出视频的场扫描方式（避免抖动）

No Field（无场）——默认用于计算机显示（逐行扫描）

Upper Field First——上场优先（奇数场）

Lower Field First——下场优先（偶数场）

用上场还是用下场，可根据视频卡的要求决定

· Special Progressing（特殊处理）页面

· Modify：

Cropping 修剪选项组——拖动句柄或在文本框中输入数值（像素）来指定裁切范围。

Scale to 240×180——修剪后帧画面放大到在Video页中指定的大小，不选定则是修剪后的实际大小。

Special（特殊）页

Noise Reduction——减少杂点：通过选择右边的模糊效果来提高视频压缩效果，减少杂点

Blur——轻微模糊

Gaussian Blar——深度模糊，相当于3到4倍Blur

Better Resize——使用特殊算法，在修剪或缩放后保留画面质量

Deinterlace——使用隔行扫描场转化法得到高质量帧画面，不选用此项，使用Video for Windows或Quick Time的压缩方法也可实现，但效果稍逊

Gamma——指定视频画面的Gamma值，调整它，可在保持帧画面最低和最高色调的同时改变中间色调。用于补偿在不同平台播放时出现的显示差别，一般1.0保持色点原始数值0.7～0.8适合在交互平台上播放视频。

第四节 Premiere Pro1.5快速输出

3.4.1 输出合成节目（以AVI格式为例）

完成节目的编辑工作后，选择菜单命令"文件-输出-影片"，进入"输出影片面板"如图所示：在"输出影片"（Export Movie）面板中，设置好输出影片的路径和文件名后，单击面板右下角的"设置（Setting）"按扭，就可以进行参数设置了。

输出面板有四个设置选项，即常规（General）视频（Video）关键帧和渲染（Keyframe and Rending）以及音频（Audio）。

图3-1

3.4.2　Premiere Pro1.5常规输出参数设置

图3-2

3.4.3　视频（Video）设置

在视频设置面板中可以控制输出文件的质量以及其他相关的属性。单击"输出电影设置"面板左边的"视频"选项，将右边对应的参数设置面板。面板中这些具体的参数将直接影响视频输出的质量，其具体的内容如下：

压缩器（Compressor）由于视频文件的数据量很大，为了减小所占空间，在输出的时候一般将会选择进行文件压缩。压缩的比率和质量成反比。

色彩深度（Color Depth）——设置视频画面输出的颜色深度（即颜色数）。

帧大小（Frame Size）——视频画面的像素尺寸，包括长和宽。

帧率（Frame Rate）——每秒所播放的画面帧数，提高帧率会让画面播放更平滑。

纵横比（Pixel Aspect Ratio）——设置视频制式的画面比，如果原素材尺寸和输出节目的帧尺寸不同，就需要选择Square Pixels（1.0）以保证画面不会变形。

质量（Quality）——拖动滑块可以改变输出后画面的显示质量

数据速率（Date Rate）——设置数据传输的速率大小及是否再次压缩素材。

3.4.4　关键帧和渲染（Keyframe and Rending）设置

着色选项（Rendering Options）

·场（Fields）有三个选项：

无场序（No Fields）——即我们所说的逐行扫描，计算机监视器即使用这种扫描方式。

上场优先（Upper Field First）——优先输出上半场，如786*576PAL、640*480、720*576PAL D1。

下场优先（Lower Field First）——优先输出下半场，如DV、640*480NTSC FULL、720*480NTSC DV、720*576PAL DV。

·优化静帧（Optimize Stills）——即当输出的素材有连续相同的画面时，会压缩其他相同的画面信息，在保证画面质量的前提下减小占用空间。

·关键帧选项（Keyframe Option）

每关键帧间隔（Keyframe Every Frames）——每隔多少帧创建一个关键帧。

在标记处添加关键帧（Add Keyframe at Marker）——在Marker标记处创建关键帧。

在编辑时添加关键帧（Add Keyframe at Edits）——在每段素材的开始处创建关键帧。

图3-3

图3-4

3.4.5 音频（Audio）设置

音频设置面板用来设置音频的属性和效果
- 压缩器（Compressor）——对输出的音频选择适合的压缩算法进行压缩，一般选择不压缩
- 样品速率：(Sample Rate)——输出音频采样的频率，一般应高于44,100Hz（相当于CD音频质量）而不要低于32,000Hz。
- 样品类型（Sample Type）——最高可提供32位比特数。
- 通道（Channel）——为音频设置单声道或多声道音效
- 隔行扫描（Interleave）——选择在输出视频多少帧之间插入一段音频信息。

图3-5

第五节　Premiere Pro1.5其他格式输出

Premiere Pro1.5可以输出多种格式的文件，以下是几种有代表性的文件格式。

3.5.1 输出Quick Time格式的视频文件

在"输出电影设置"面板中的文件类型选择Quick Time项，在范围下拉列表中选择工作区域栏。进入视频设置，将帧大小设为720*576，其他参数不变。单击"保存"就可输出Quick Time格式的视频文件了。

图3-6

3.5.2 输出幻灯片（Filmstrip）格式的文件

在"输出电影设置"面板中的文件类型选择Filmstrip项，在范围下拉列表中选择工作区域栏。将帧率设为15，其他默认设置。单击"保存"就可输出Filmstrip格式的电影胶片文件了。

图3-8

图3-7

图3-9

3.5.3 输出帧（Frame）图片

在"输出电影设置"面板中的文件类型选择Frame项，在范围下拉列表中选择工作区域栏。将帧率设为15，其他默认设置。单击"保存"就可输出Filmstrip格式的电影胶片文件了。

3.5.4 输出静态图片序列

在Premiere Pro1.5中可以将视频输出为图片序列，即将视频画面的每一帧都输出为一张静态图片，这一系列图片中每一张都具有一个自动编号。这些输出的序列图片可用于3D软件的动态贴图，也可以很方便地移动和存储。主要类型有以下几种：Windows Bitmap、GIF、Targe和TIFF。选择合适的格式进入面板的相应设置，然后单击"确定"按扭就可以将序列图片输出到指定的位置。

图3-10

图3-11

3.5.5 输出动画格式

在面板中将"文件类型"选择为Animated GIF，则可以输出动画格式的视频文件。

图3-12

3.5.6 输出WAV格式音频文件

选择菜单命令"文件-输出-音频"就可以将项目文件中的音品输出为单独的WAV格式音频文件。

3.5.7 输出DVD文件

直接输出到DVD光盘，这是PRO版新增的功能，这必需是在电脑上配备有DVD刻录机的前提下才行。

使用Premiere Pro1.5可以直接将项目文件输出为基于MPEG1技术的VCD文件，以及基于MPEG2技术的DVD和SVCD文件，也可以输出为单独的MPEG1或者MPEG2文件。另外，在Premiere Pro中还增加了流行的QuickTime、RealMedia和Window Media压缩解码器。选择菜单命令"文件-输出-Adobe Media Encoder"命令，在弹出窗口中单击"格式"下拉菜单，就可以选择需要的压缩编码。

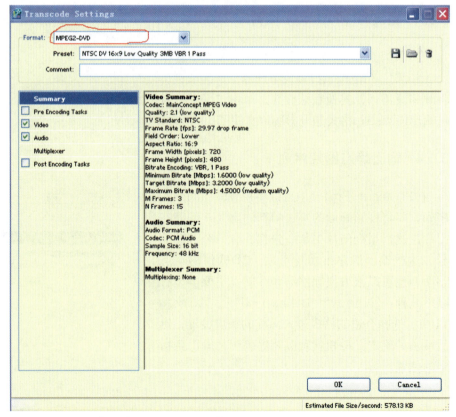

图3-13

第四章　Premiere Pro1.5 的技能强化

第一节　制作思路

该项目命名为实训课，在素材有限的情况下主要选择了几个具有代表性的画面来体现实训课的特色。由于原素材质量一般，所选用的素材都进行了亮度和对比度的处理。在编辑过程中由于部分素材在组接时有越轴的问题，因此使用了转场特效来解决画面中主体方向感不一致的问题。音乐部分选择了较有动感的节奏，并在编辑过程中注意画面节奏和音乐节奏一致。

第二节　制作过程

步骤一：打开Adobe Premiere Pro 1.5，新建PAL制式、尺寸为728*576，名叫"实训课"的项目文件。

步骤二：双击素材窗口，打开光盘内容下视频制作"实训课"文件夹里的AVI文件。

步骤三：选择适合实训课的素材并对其进行剪辑，注意剪辑点的处理。

步骤四：创建运动特效。

（1）创建封面，新建720*576的color matter，灰色，新建封面字幕1，选择垂直类型的字幕工具创建文字"非线性编辑"。

（2）新建封面字幕2，竖排文字"实践与应用"，横排文字"非线性编辑实战演练"并使用不同的颜色进行填充。使用钢笔工具画曲线，如图4-1所示。

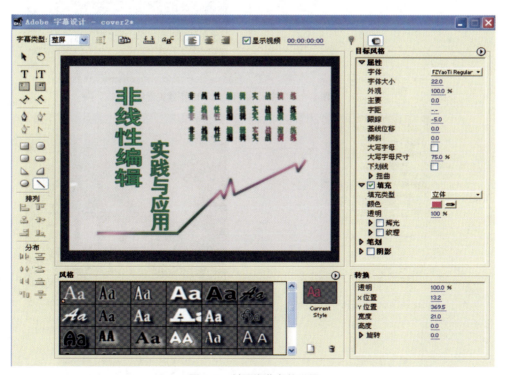

图4-1　封面字幕参数设置

(3)在时间线轨道上选择素材1,打开特效控制面板并展开视频特效(Adjust)选择亮度与对比度特效,调整参数。如图4-2所示。添加字幕"我们的实训课",并使特效参数及效果如图4-3、图4-4所示。

图4-2 素材1画面质量调整

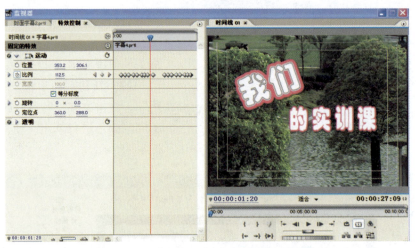

图4-3 字幕"我们"的国定特效关键帧

图4-4 字幕"的实训课"特效

（4）在时间轨道线上选择素材2和1，打开特效控制面板并展开视频特效（Adjust）选择亮度与对比度特效，调整参数。如图4-5所示，添加字幕："欢迎进入实训课堂。"注意填充颜色和阴影颜色。

图4-5　字幕"欢迎进入实训课堂"参数调整

（5）在时间轨道线上选择素材3，点击右键选择速度/持续时间，修改其速度为15%并勾选倒放速度。如图4-6所示。

图4-6　素材3速度和持续时间调整

（6）在时间轨道线上选择素材3，点击右键选择速度/持续时间，修改其速度为26.8%，并勾选倒放速度。因原素材较暗，因此素材8、9分别进行了亮度与对比度的调整，参数如图4-7所示。

图4-7　素材3速度和持续时间，画面质量调整

（7）插入素材3作为转场，打开特效控制面板并展开视频转换特效，选择Wipe中的涂料泼溅，参数及效果如图4-8所示。

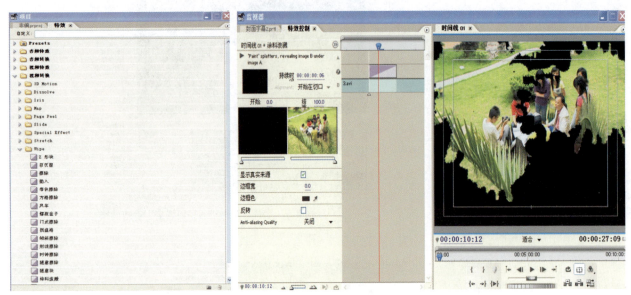

图4-8　涂料泼溅效果参数调整

（8）转场素材和素材6之间再次添加转场特效 Special Effects 中的置换，参数及效果如图4-9所示。

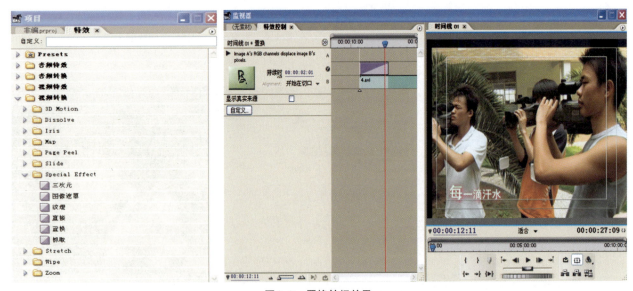

图4-9　置换转场效果

(9) 选择素材5、6，添加转场特效 dissolve中的交叉溶解，参数及效果如图2-10所示。

图4-10　交叉溶解转场效果

(10) 素材6、7和10，同样选择交叉溶解视频转场特效，添加字幕"都是我们精彩的大学生活"，选择时间线上的添加关键帧，为视频轨道1上面的素材结尾设置逐渐隐黑的效果，如图4-11所示。

同样在音频部分使用关键帧，使音乐逐渐低下去。

(11) 合成并输出文件

我们已经将所要的素材制作完毕，现在只需要将他们合成并输出最终的效果了。

图4-11　视、音频关键帧处理

课后练习

利用实训课素材重新编辑另一个版本的视频作品。

第二部分　喜玛拉雅非线性编辑系统

第五章 界面介绍

第一节 进入工程

图5-1

在"最近打开工程列表"里,可以直接点击某个工程进入;或者点击"打开工程"按钮 打开工程 打开放在本地的工程文件。 在做一个节目的最初,需要新建一个工程文件。点击"新建工程"按钮 新建工程 ,建立一个新的工程文件。以后采集的素材、剪辑的片断、制作的字幕、渲染的效果等所有制作节目的操作都会保存在此工程文件中。

进行工程文件的设置预定义设置，如图5-2所示。

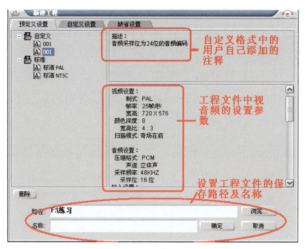

图5-2

自定义设置，如图5-3所示。

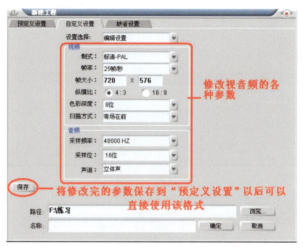

图5-3

缺省设置，如图5-4所示。

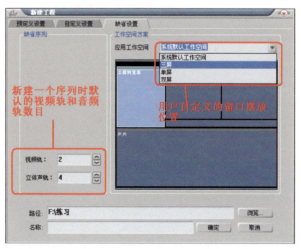

图5-4

图5-5

在图5-5的"应用工作空间"里保存着用户自定义的窗口摆放模式。具体设置方法是在进入喜玛拉雅非线性编辑系统后，根据习惯或是屏幕大小摆放好各个窗口的位置，点击主菜单 "工具"＞"工作空间"＞"保存工作空间"。

第二节　工程

新建工程：新建一个非编工程文件，扩展名为.nxproj。喜玛拉雅非线性编辑系统启动后，系统自动新建一个非编工程文件，用户可直接编辑节目。若需进行其他非编工程文件操作可在"工程"菜单中通过打开或新建一个工程来完成。

（1）打开工程：打开硬盘里已经存在的工程文件。

（2）打开最近工程：系统自动记录最后打开过的6个工程文件的地址，要想调用可以直接点击。

图5-6

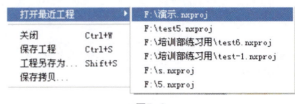

图5-8

注意：在开始新的工程之前，需要对以前的工程进行存盘。

新建目录：在"工程浏览器"中建立文件夹，用于用户自定义管理素材、序列等。

新建序列：在一个工程文件里，可以建立多个序列，不同序列间的素材特技字幕等均可以互用。

（3）关闭：关闭当前的工程文件，但不退出系统。若关闭之前没有保存，系统会提示是否保存。

图5-9

（4）保存工程：将当前状态的工程信息全部保存，以便下次再打开。

（5）工程另存为：一些比较重要的工程文件，为了安全起见，用户通常会再保存一份。

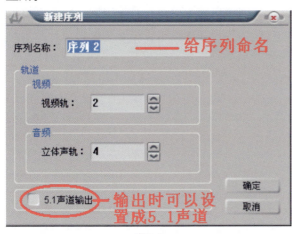

图5-7

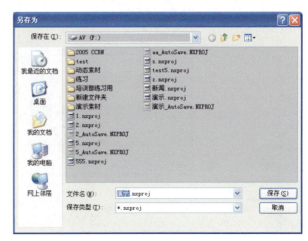

图5-10

（6）保存拷贝……：用法和"工程另存为"相似，只是系统默认给另存的文件命名为*Copy.nxproj。

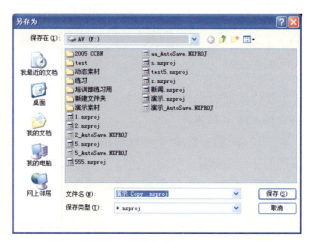

图5-11

（7）工程设置，如图5-12所示。

图5-12

自动存盘：系统自动对所做的操作进行保存。如果掉电等突发情况导致用户来不及保存工程，再次打开时，系统会弹出窗口提示是否恢复自动保存的结果。如图5-13所示。

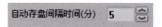

点击确定工程恢复到非自动退出前的操作　　点击取消工程恢复到最后一次手动保存的状态

图5-13

用户可以根据需要设定自定义保存的时间。

但最好不要小于5分钟。因为过于频繁的自动保存会占用大量的系统资源。

同步刷新：系统自动检测序列的实时性。当序列某一区域由于片断层数过多，或者特技过于复杂等，导致序列不能实时播放，这时会在该区域对应的标尺上出现一条红线。

图5-14

单声道到立体声道转换规则，如图5-15所示。

图5-15

由于喜玛拉雅的音频轨道是立体声的，这就涉及到单声道如何转换成立体声道。以一个视频带着两轨单声道音频为例：若选中"两两组合"，系统会自动将相邻的两个单声道组合成一个立体声道上轨。若选中"自我复制"，系统会自动将每个单声道复制一个，共有两个声道上轨。

默认输出格式：对于在"序列"上"生成入点到出点 Enter"这种快速打包片断的操作，它输出格式的选择就是在这里设置的。

默认视/音频扫换：对于"序列"上两个相邻片断，把鼠标直接在切点出拖拉就可以使之有扫换特技。

鼠标直接在切点处拖拽

图5-16

这个时候的扫换特技就是在"工程设置"里设置的，如图5-17所示。

图5-17

关键帧自动处理模式，如图5-18所示。

图5-18

保持：对于做好特技的片断，改变它的入出点后，一些关键帧可能不见，再恢复原出入点。关键帧也相应恢复。

裁剪：对于做好特技的片断，改变它的入出点后，一些关键帧可能不见，再恢复原出入点关键帧不恢复。

缩放：对于做好特技的片断，改变它的入出点后，关键帧随着片断的长短自动调整位置。

路径设置，如图5-19所示。

系统的默认保存路径。

可以将所有路径改在E盘，以防系统重装等因素导致丢失。

图5-19

(8) 导入素材……Alt+I：将素材从本地硬盘或是P2等导入到"工程浏览器"中。

(9) 退出 Ctrl+Q：退出喜玛拉雅非线性编辑系统。

第三节 编辑

操作后面的组合键都是该操作的快捷键。在英文输入法下有效。

(1) 撤销：此命令可以取消"序列"上所操作的上一步操作

(2) 重做：此命令可以取消"撤销"命令所做的工作。

(3) 删除：删除"序列"上选中的片断。

(4) 剪切：将"序列"上选中的片断放入windows的粘贴板，并将片断从该位置删除。

(5) 拷贝：将"序列"上选中的片断放入windows的粘贴板。

(6) 粘贴：将windows的粘贴板里的片断放入"序列"。

(7) 全部选择：将当前工作的"序列"上所有的片断、字幕等选中。

(8) 查找：提供强大的文件检索功能，可按文件的任意属性进行排序与查找，等同于"工程浏览器"中的  。如图5-21所示。

图5-20

图5-21

第四节　标记

（1）打入出点：打好入出点后，等于在"片断监视器"或"序列"上选择了一个区间，该区间叫作"工作区"。

（2）设置标记：用户在浏览或编辑的过程中，需要对画面进行标记注释等，就可以在该画面上设置一个标记点，以便快速查找。使用方法详见"片断监视器"的"添加标记"。

（3）移动：系统提供多种方式的快速移动功能，可以方便用户非常方便的找到关键的位置。

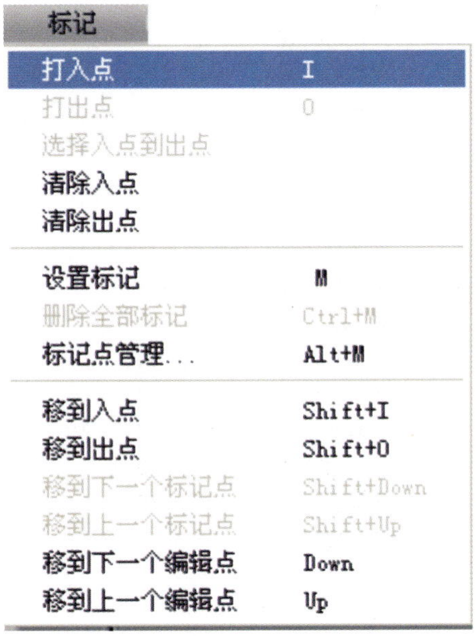

图5-22

第五节　素材

将"工程浏览器"中选中的素材导入到"片断监视器"中以供浏览和剪辑。

图5-23

第六节　序列

图5-24

（1）生成全部：将当前工作的"序列"全部打包生成某种格式的媒体文件。

（2）生成入点到出点：将"序列"上入出点之间的片断打包生成某种格式的媒体文件，通常是在出入点之间不实时的情况下使用，然后将生成好的素材替换区域里原来的片断以上两种生成的格式都是预先在主菜单"工程"＞"工程设置"＞"默认输出格式"里设置。

（3）声道输出设置：可以设置"立体声"和"5.1"两种。

立体声输出设置：设置喜玛拉雅的 4 路立体声分别从那个通道输出。如图5-25所示。

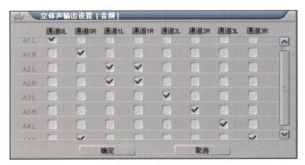

图5-25

5.1声道输出设置：首先5.1的设置需要在新建"序列"的时候，把"5.1声道输出"选中。如图5-26所示。

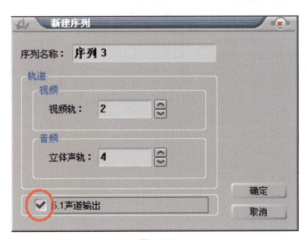

图5-26

设置喜玛拉雅的4路立体声分别输出为 5.1 的那一个通道。如图5-27所示。

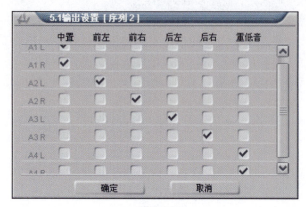

图5-27

第七节　特技

在"序列"上选中某一片断，选择适合的特技点击，片断即被叠加特技。也可以从特技库中选择特技模板直接拖拽到片断上。如图5-28所示。

第八节　工具

喜玛拉雅的窗口都在"工具"下管理。所有窗口采用浮动式结构设计，实现不同功能操作可轻松切换，无须关闭等待。如图5-29所示。

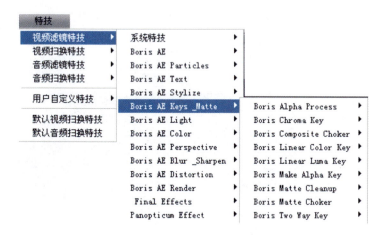

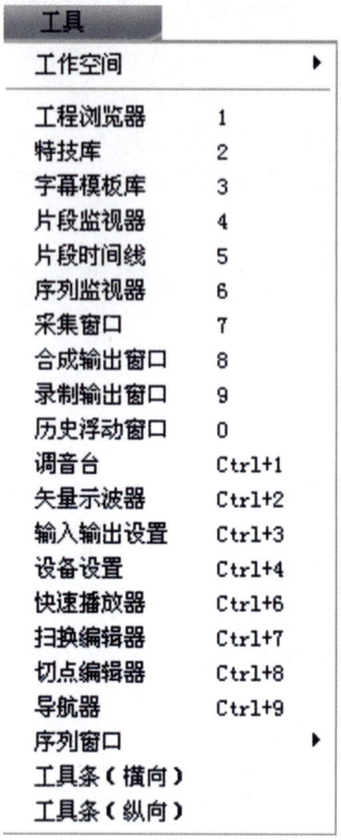

图5-29

图5-28

第六章　采集与输出

第一节　采集窗口

我们制作一个节目,首先第一步就是采集素材,即把其他媒质载体(如光盘、磁带等,且Sony的专业光盘和松下的P2盘可以直接当作本地硬盘来使用)记录的视音频信息转化成数字信息,存储到非编机器的高速运转的硬盘上以供使用。

下面我们来看具体采集一个素材。首先,点击主菜单下"工具">"采集窗口 7",7为快速打开采集界面的快捷键。如图6-1所示。

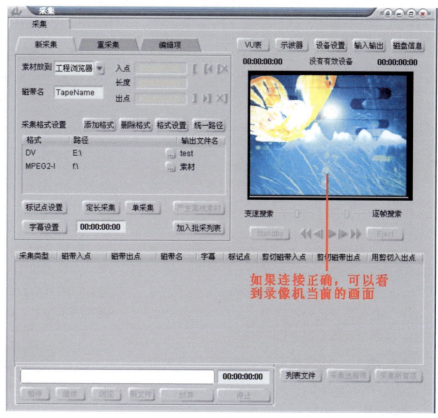

图6-1　这样就进入采集窗口

下面就通过采集一段画面来熟悉采集窗口。

6.1.1 输入输出设置

采集前确认所使用的喜玛拉雅非线性编辑系统已经正确地与机房中的摄、录、编设备相连通。非正确的连接会导致系统存在不稳定因素或根本无法正常使用。

首先进行声音的设置。点击"UV 表"按钮 VU表 ，弹出"UV 表"窗口，如图6-2所示。在采集前可以预听。

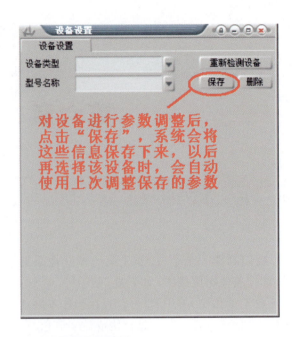

图6-3

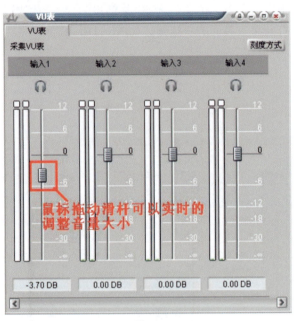

图6-2

当前期的声音偏大或偏小的时候，可以通过滑杆做相应的调整。

一般节目声音平均电平的标准值：语言-7～-3DB，瞬间最大值允许达到±0dB；音乐-7～0DB，瞬间最大值允许达到+3dB。

示波器 ：示波器用来监测画面的各种信息，详见 6.8 示波器。

设备设置 ：当接口连接多个前端设备的时候，点击"设备设置"，在弹出的窗口中选择究竟从哪个前端中获取素材。如图6-3所示。

6.1.2 同步源的设置

图6-4

输入源的设置原则是：

内同步：由喜玛拉雅自身产生的同步信号，在模拟采集中使用。外锁相同步源/（低质量）：由外部设备提供同步信号。SDI：由 SDI 提供同步信号，在数字采集中使用。

图6-5

对同步扫描进行横向和纵向的延迟，如图6-6所示。

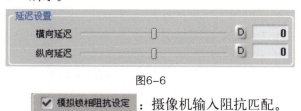

图6-6

☑ 模拟锁相阻抗设定：摄像机输入阻抗匹配。

6.1.3 视频输入的设置

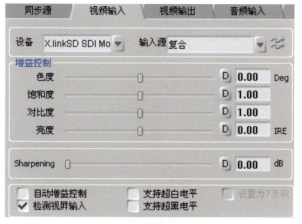

图6-7

图6-8

输入源是根据接口的情况来选择的。

当素材源是由COMPASITE接口输入的，选择"复合"。

当素材源是由Y、B-Y、R-Y接口输入的，选择"分量"。

当素材源是由S-VIDEO接口输入的，选择"S-Video"。

当素材源是由SDI接口输入的，选择"SDI"。

若素材源黑白平衡不准、亮度不对等现象，可以通过滑块进行相应的调整。

图6-9

6.1.4 视频输出的设置

图6-10

支持超白/超黑电平：当视频信号数值范围超过16～235时，容易发生不同步的现象。这个时候需要将这两项选中。

自动增益控制：根据输入源的大小系统自动控制其增益大小。

分别对输出的信号进行亮度、色差、色度或整体的调整。

6.1.5 音频输入的设置

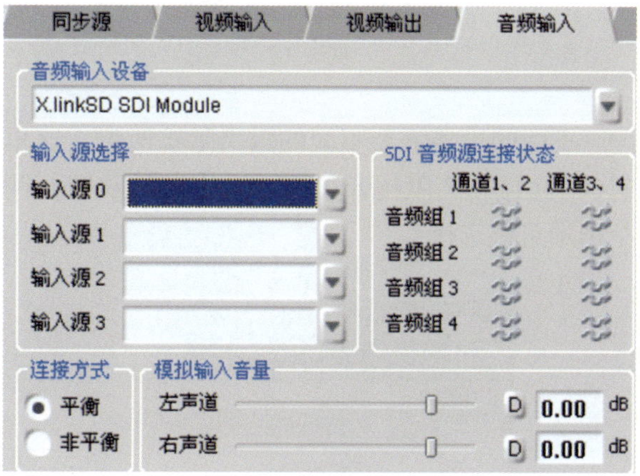

图6-11

系统音频输入的"连接方式" 支持传统的"平衡"和"非平衡"。当接口是莲花头的时候，选择"非平衡"；当接口是卡农头的时候，选择"平衡"。

同时，系统还支持SDI的内嵌音频。SDI内嵌4路立体声，可以通过"输入源选择"来选择我们所需要的某路立体声的某一声道的声音。

6.1.6 音频输出的设置

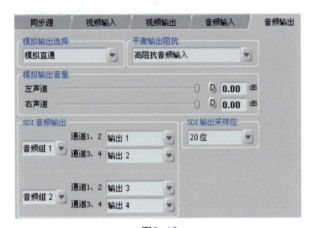

图6-12

当输出是模拟方式时，即用莲花头或卡农头输出时，可以通过"模拟输出选择"来设定需要输出哪一通道的声音。

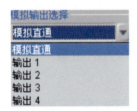

图6-13

不同的设备需要不同的输出阻抗匹配，这里有600欧姆和高阻抗音频输入（约10千欧姆）两个选项可供选择。

图6-14

还可以通过 模拟输出音量 对输出的声音进行调整，若想恢复默认值，点击 D 。

6.1.7 SDI 音频输出

系统输出4路声音，分别为输出1，2，3，4。在进行SDI输出的时候，可以进行编组，比如将"输出 1"设置为"音频组 1"中"通道1.2"的源，以此类推。

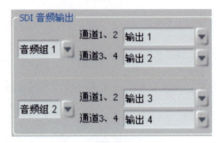

图6-15

设置SDI输出采样位，有20位和24位两种选择。

图6-16

磁盘信息 ：在采集时提供实时硬盘空间检测，可在采集时根据所选的格式与码流自动判断硬盘所剩空间容量。如图6-17所示。

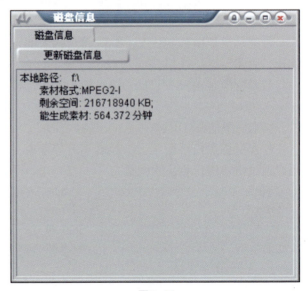

图6-17

第二节　设置素材信息

在""界面下选择采集进来的素材,可以放进工程浏览器、序列或硬盘(图6-18)。对磁带的命名,可以方便我们标记素材和磁带之间的对应关系。

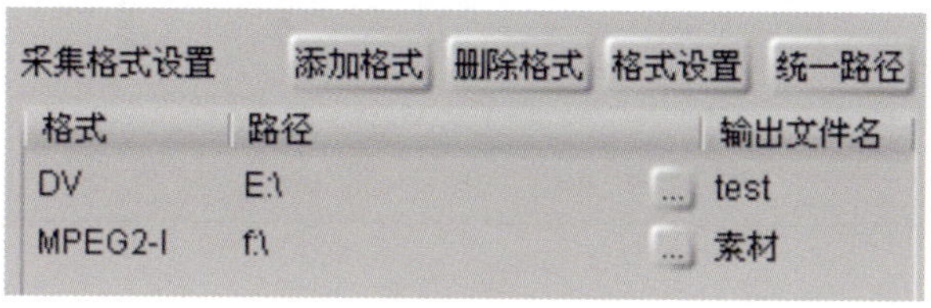

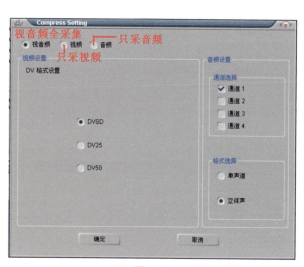

图6-20

在"路径"和"输出文件名"处点击一下,就可以修改素材存储的路径和名称。

图6-21

若想要采集多种格式的素材在同一位置,可以点击"统一路径"按钮 统一路径 来设置。如果想在采集过程中直接叠加台标、图片等字幕信息,点击"字幕设置"按钮 字幕设置 ,进入"字幕设置"窗口,如图6-22所示。

图6-18

点击"添加格式"按钮 添加格式 可以选择采集进来素材的格式。

点击"删除格式"按钮 删除格式 可以删除已选择的格式。

格式选择:采集时支持 MPEG2、DVSD、DV25、DV50等硬件编码格式。可以一次性将同一素材采集成不同的硬件与软件编码格式文件。

图6-19

点击"格式设置"按钮 格式设置 ,或者直接在所选格式上双击,就可以进一步设置格式参数。如图6-20所示。

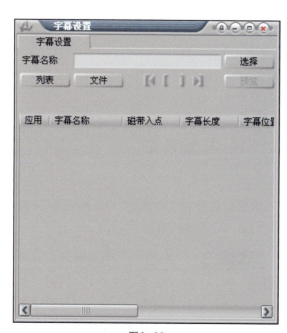

图6-22

点击"选择"按钮 [选择]，浏览电脑中的可以调入的文件。

目前支持.tga、.bmp、.jgp、.pcx等图片格式；

支持.imt、.mtt、.dyt等普通字幕；

支持.nve动画格式。

文件的情况下，点击采集进度下面的"暂停"按钮 [暂停]，使系统暂时停止采集，这个时候再点击"浏览"按钮 [浏览]，系统自动弹出"快速播放器"窗口。

图6-23

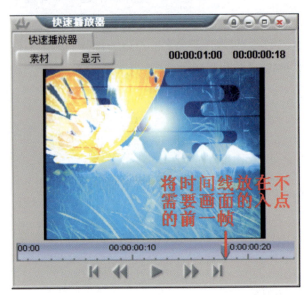

图6-25

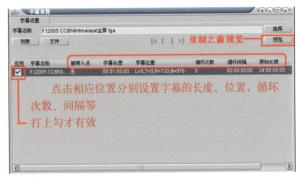

图6-24

拖动时间线浏览刚刚采集的素材，找到不需要的画面开始的那一点，点击"采集"窗口中的"继续"按钮 [继续]，系统就可以继续采集进程，最后生产一个完整的文件保存下来，这样既可以节省硬盘空间，又方便后期编辑。

相反，如果我们需要不间断地采集某段视频，如在直播环境下，既需要不间断地采集画面，又想对已经采过的画面进行及时编辑，在这种情况下，可以点击"新文件"按钮 [新文件]，让已经采集的画面生成物理文件，及时提供素材源。

采集完毕，点击"停止"按钮 [停止]。

若不想保存所采集的画面，直接点击"放弃"按钮 [放弃]。

[定长采集]：适用于知道所要采集的素材大致长度的情况，如采集10分钟的素材，直接输入数值，[定长采集 00:10:00:00] 系统会自动采集10分钟画面。

第三节 开始采集

采集方式分为"单采集""定长采集""批采集"以及"产生离线素材"。

[单采集]：一般用于不熟悉需要上载画面的情况，可以一边采集一边观看。同时，单采集时支持画面的粗编功能。当我们发现刚才采集的画面不需要的时候，可以在不生成第二个物理

加入批采列表：制作一个批采集列表用于批采集，可对录像带中若干段素材打出入点，一次性进行多个打点素材的采集。主要用于熟悉录像带内容的情况。

图6-26

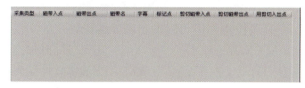

产生离线素材：当需要节省硬盘空间的时候，我们可以将所要采集的素材生成一个离线素材，放入序列进行编辑。采集离线素材的时间非常短，几乎不占硬盘空间。

第四节 素材重采集

重采集应用于下面三种情况：将原来采集的离线素材重新采集成在线素材，将故事板上用到的素材按新的故事板上用到的入出点进行采集，将故事板上低码流采集进来的素材用高码流替换。下面开始设置重采集素材的信息。

来源：所要重采集的是工程浏览器当前目录还是浏览器所有目录下的素材。

类型：应用重采集的素材是全部、在线素材还是离线素材。设置好后，点击"加入批采集

图6-27

列表"按钮 **加入批采列表**，系统就自动获取以前采集素材时记录的磁带时码信息以及序列上使用的信息。对在线素材而言，重采集可以将序列上真正使用的片断采集进来，而没有使用上的片断就从硬盘中删除，以节省空间。这个时候需要把"用剪切入出点" 选项选中。为了防止在出入点有少帧的现象出现，可以把"剪切磁带入点"/"剪切磁带出点"的数值范围稍微扩大。

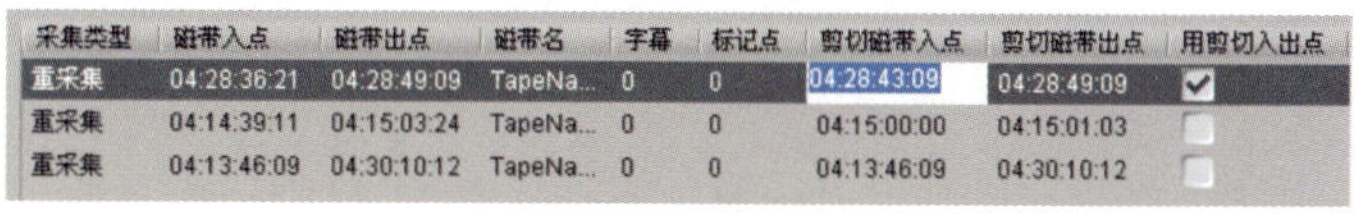

图6-28

编辑项：当需要改变在线素材的码流时，可以切换到"编辑项"。如为了节省空间，在新采集时我们设定较小的码流和较小的精度，如图6-29所示。

图6-29

等到输出的时候，可以重新采集高码流和高精度的素材，得到高质量素材。

最后，点击 **采集选择项** **采集所有项** 进行重新采集。

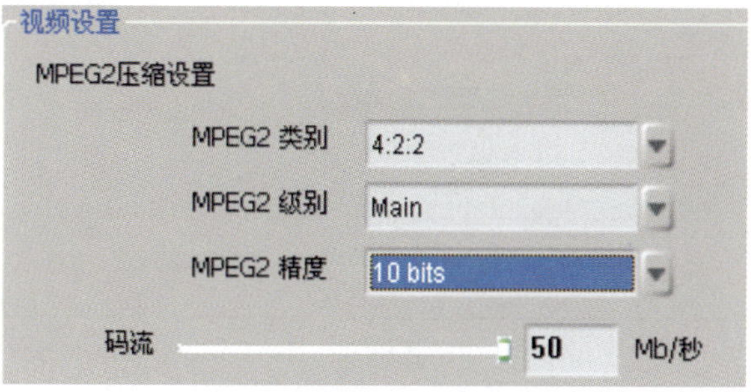

图6-30

第五节　合成窗口

通过上面的步骤，一个节目就做好了。下面就需要合成为一个文件或者输出到P2或者XDCAM中。

点击主菜单"工具">"合成输出窗口8"，其中8为打开"合成输出窗口"的快捷键。

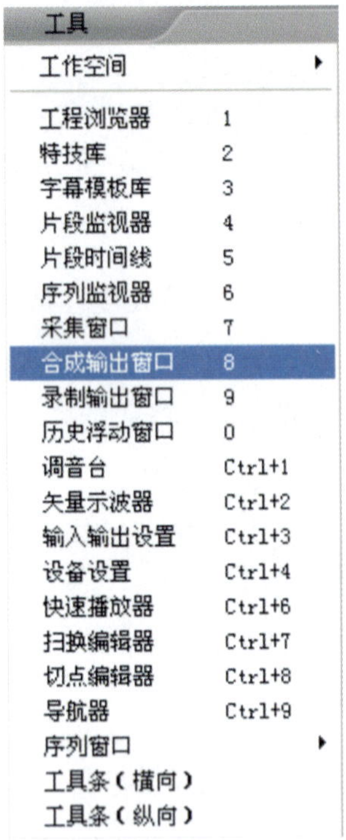

在"输出设置"中，选择输出的格式。点击"添加"按钮 添加 。

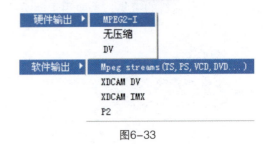

图6-33

喜玛拉雅不但可以输出硬件编码格式的文件如 MPEG2-I、DV、无压缩，还可以同时输出成DVD、VCD、WMV、RM、TS流等软件编码格式。

同时可以将P2和XDCAM当作本地硬盘，直接输出成XDCAM-DV、XDCAM-IMX、P2，无需二次转换和传在"源设置"中，可以从多个序列中通过设置入出点将多个片断一起输出成一个文件。

在序列上将时码线分别放在需要合成的片断的入出点，点击 { } ，获取入出点信息 入点 00:00:02:02　出点 00:00:05:11 ，点击 添加 将片断加入到"源设　置"列表中。通过 删除 、 上移 、 下移 ，可进行调整管理。

对于做好的多个片断合成列表，可以在 输出列表 中进行 保存 、 打开 来调用。

图6-31

图6-32

图6-34

在 输出列表 中点击 添加 ，可以添加多个输出。如图6-35，将6个片断合成成2个文件，分别以刚才设置的MPEG2-I和P2两种格式打包成共4个物理文件。

图6-35

全部设置好后，点击最下面的 开始 ，系统将按照设置生成文件。

图6-36

第七章　字幕的添加

在喜玛拉雅（Himalaya）非线性编辑系统中，集成了新奥特强大的神笔A8字幕处理系统，使得在此非编系统中处理字幕变得更加方便快捷。

下面具体介绍在喜玛拉雅（Himalaya）非线性编辑系统中如何实现强大的字幕处理的。在系统中添加字幕是通过浏览器窗口实现的。在浏览器中添加字幕有两种方式：一个是在工程浏览窗口中实现，一个是在字幕模板库窗口中实现。二者的区别是：前者创建的字幕只适用于当前工程项目中，而在字幕模板库中创建的字幕可以适用于所有的工程文件。打开项目浏览器窗口如图7-1所示。

图7-1

用鼠标右键点击窗口空白处，在弹出的快捷菜单中点选新建，在弹出的子菜单中我们可以看到在此系统中能够创建的字幕的类型，包括静帧字幕素材、特技字幕素材、多层字幕素材、滚屏字幕素材和唱词字幕素材。如图7-2所示。

下面分别就以上几种字幕的创建和调整做介绍。

图7-2

第一节　静帧字幕的添加

点选静帧字幕素材，将弹出如图7-3所示的窗口，此窗口就是强大的神笔A8操作界面，我们将要处理的所有字幕都将在这里进行。这里只是着重介绍在喜玛拉雅系统中如何引用A8字幕系统中处理好的素材以及在时间线上对字幕片段进行简单的编辑。更加详细的A8系统的使用，请用户参考《神笔A8电视图文创作系统用户手册》。

图7-3

点按"A",在创作窗绿色安全框中的任意位置输入一段文字,并点按"■"插入一个国旗的图标,如图7-4所示

图7-4

在窗口中点按" 保存 "后,窗口自动切换到非编的窗口中,在工程项目窗口区域内,可以看到新增加了一个静态字幕的素材,并且我们可以在工程文件窗口更改素材的名字(默认情况下系统在创建字幕素材的同时。会给此段素材一个默认的名字),如图7-5所示。这时就可以把素材拖到时间线上进行编辑处理了。

提示:

在时间线上可以任意拖动静帧字幕的尾帧来改变静帧字幕的长度,以适应编辑的需要。在静帧字幕的视频轨上点击鼠标右键,将弹出如图7-6所示的窗口。相对其他视频素材字幕素材右键单击后弹出的菜单中多了高亮度显示的字幕编辑、简单编辑和字幕另存选项。

图7-6

字幕编辑选项:点按此选项编辑窗口就会回到神笔A8的编辑界面,可以在此界面下对字幕进行任意的编辑。编辑后点击保存按钮我们可以看到原素材改变成了编辑后的状态了。

简单编辑:简单编辑可以实现在时间线上静帧字幕的就地编辑。所谓简单编辑就是处理一些如文字内容的改变,图标的改变等简单的操作,特点是:方便、快捷、功能简单。如图7-7所示,我们可以在这里更换文字内容和旗帜图标等操作。

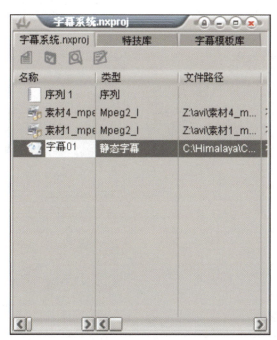

图7-5

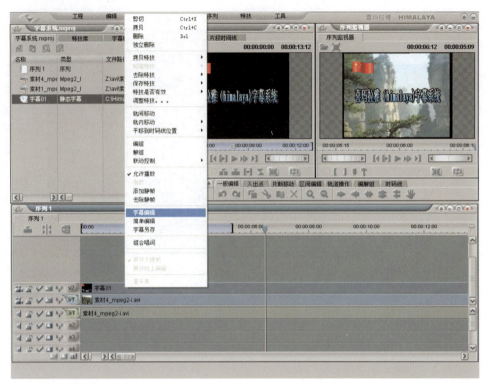

图7-7

字幕另存：点选字幕另存，将在浏览器窗口中出现此字幕素材的副本。需要注意的是：当我们对此字幕进行再次编辑的时候，会弹出如图7-8所示窗口。

点击 [是(Y)]，表示更改后的效果将同时被应用在原字幕素材和另存后的字幕素材上。

图7-8

第二节 特技字幕的添加

所谓特技字幕就是对字幕做了一些动画特技效果，比如字幕的出现方式、停留方式以及 退出方式等。

在项目浏览器窗口右键单击弹出如图7-9所示菜单，点选特技字幕素材。

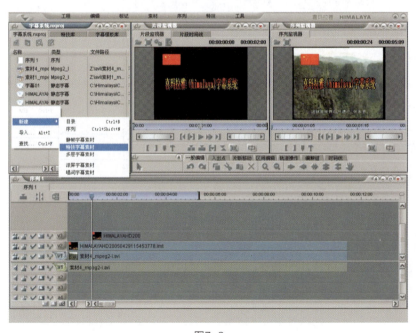

图7-9

特技字幕编辑窗口如图7-10所示。

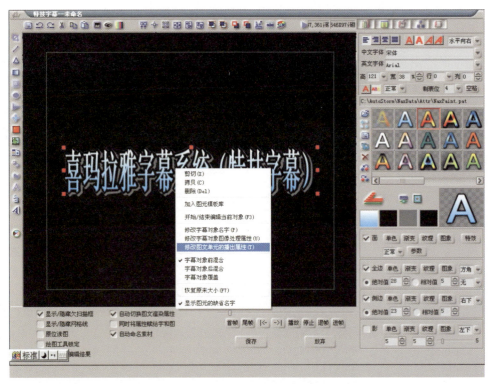

图7-10

在编辑窗口中输入一段文字，右键点击文字在弹出的菜单中点选"修改图文单元的播出属性"，将弹出如图7-11编辑窗口。

其中有"导入方式、保留方式、导出方式"等编辑选项，在字幕播出属性窗口中，可以对各项参数进行设定。

在三种出现方式中都有等待时间的设置，如图7-12所示。

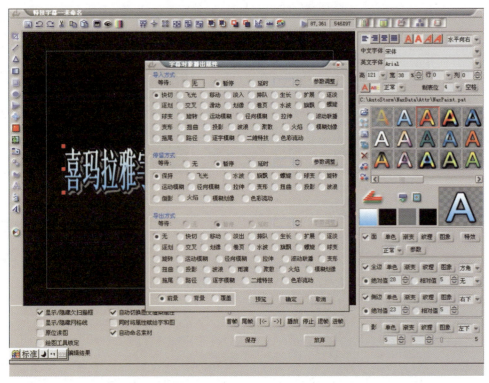

图7-11

图7-12

在单选按钮中"无""暂停"和"延时"。在默认情况下，等待的时间都为5帧。在"延时"右侧的参数窗口框中，可以输入数值或点按来改变特技停留的时间。点按 参数调整 可以调整特技，效果的参数如图7-13所示。在这里可以调整各种参数的数值，并且可以实时地预览编辑后的效果。

如图7-14所示，可以任意选择特技效果，在字幕系统中设计了许多强大的特技模块。每种特技都可以点按 参数调整 进行再编辑。

停留方式和导出方式的设置与导入方式的设置基本相同，在此就不再介绍了。编辑好字幕素材后，就可以在时间线窗口中进行剪辑合成了。编辑后的字幕素材，我们仍然可以对其进行再编辑。如图7-15所示，所做的编辑处理与静帧字幕的基本相同。

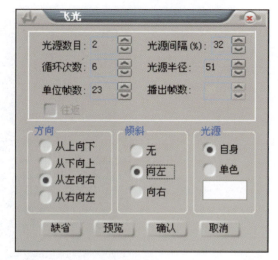

图7-13

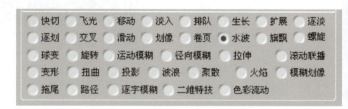

图7-14

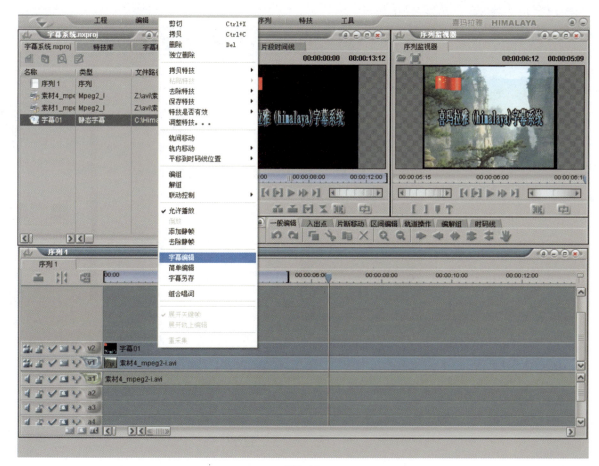

图7-15

除了在字幕系统中可以对字幕进行编辑外，我们还可以在时间线面板中对字幕进行就地编辑。方法如下：

第一步：将字幕素材拖到时间线上进行编辑，如图7-16所示，视频V2轨被放上了字幕素材。

图7-16

第二步：展开V2视频轨展开轨道方法如图7-17所示。

图7-17

字幕视频轨道展开后如图7-18所示。

在此窗口中可以对字幕素材进行再编辑。

第三步：对素材进行具体的就地编辑。

如图7-19所示，图中橘黄色的方块为移动句柄。

图7-18

图7-19

图7-20

当我们把鼠标移到橘黄色句柄上的时候，鼠标变成了双向的箭头的图标形式。并弹出提示信息。我们可以按住鼠标左键移动句柄，来调节"导入、停留、等待和导出"特技之间的时间长度。注意观察弹出的信息窗口中信息的变化。注意：在此种方式下移动句柄，并不改变素材的特技的总体长度，而是在几种效果之间进行调节，是一种此消彼长的形式。此种特技长度调节类型称为"移动式"。

和移动式相对的是"涟漪式"，如图7-21所示。

可能大家发现怎么橘黄色的句柄变成了白色，这就是点按了如图7-22所示的类型切换句柄。可以在涟漪式和移动式之间进行切换并且句柄颜色会有相应的变化。

那么涟漪式的特技调节是指什么呢？所谓涟漪式的调节是指在移动句柄调节特技长度的时候，相邻特技的长度并不发生改变，但特技字幕素材的总体长度会有所改变。

双击如图7-23所示区域或右键单击，弹出"修改特技"提示都可以使我们进入特技字幕的编辑窗口，如图7-24所示。

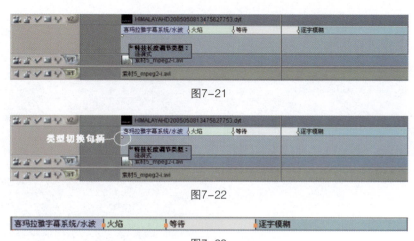

图7-21

图7-22

图7-23

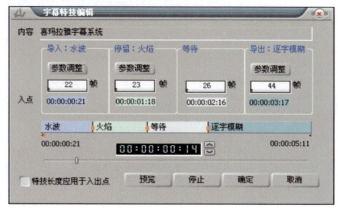

图7-24

可以在"导入""停留""等待""导出"项中对特技持续时间进行调节（以"帧"为单位的）。

·可以直接输入数值；

·可以鼠标左键拖动滑块调整数值；

·可以通过拖动调节句柄（黄色：移动式，白色：涟漪式）进行调整。

点按 参数调整 可以对特技形式进行进一步的调整。调整后点 预览 可以对结果进行查看，点 确定 输出编辑后的结果。在时间线中进行字幕特技的就地编辑是很方便快捷的。

注意：在编辑时间线上的特技字幕时按住ctrl键并拖动尾帧可以改变特技字幕的播放速度。在编辑时间线上的特技字幕时按住shift键并拖动尾帧可以改变特技字幕中等待时间的长度。如图7-25所示。

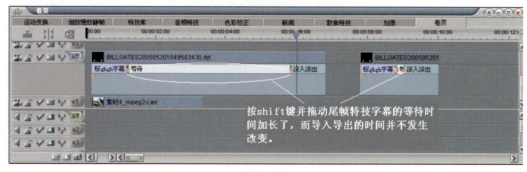

图7-25

第三节　多层字幕的添加

右键点击项目浏览器窗口弹出菜单（图7-26）中点按"多层字幕素材"进入编辑窗口，如图7-26所示。和特技字幕不同的是，多层字幕可以添加多层字幕对象，并且能在每一层内做特技效果。而特技字幕只是在一层字幕上做特技效果。

制作步骤如下：

（1）在字幕编辑窗口内输入三层字幕，并分别对每层字幕做特技处理（"导入""停留""导出"等特技效果）。和"特技字幕"的操作方法一样，这里不再详细说明。

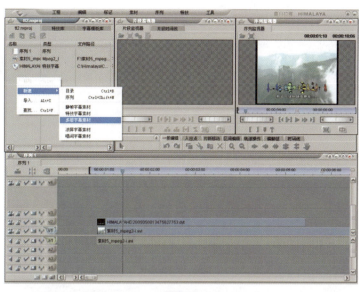

图7-26

图7-27

注意：对每一层字幕添加完特技我们可能习惯性地点  ，这时系统会弹出提示如下。

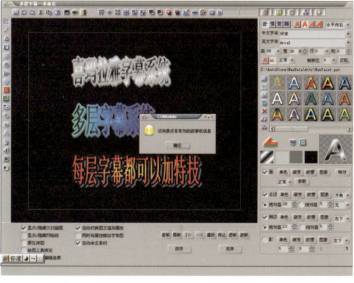

图7-28

提示内容为"该场景没有有效的故事板信息",这是因为我们在添加多层特技字幕时需要在故事板生成,如图7-29点选故事板按钮。

（2）在故事板中编辑。

打开后的故事板编辑界面如图7-30所示。

图7-29

图7-30

点选图元按钮,在右侧显示的是图元列表窗口,其中显示了1,2,3…这样的序列,表示特技字幕的每一层,其中 `1 dfhrhh` `全 入 停 出` 分别表示：特技层的序号、图元的名字（文字内容）、全部特技、导入特技、停留、导出特技。双击每一部分区域会作相应的编辑。当把鼠标光标停留在某一区域的时候,会弹出提示窗口如图7-31所示。

图7-31

第7章 字幕的添加

提示：双击每一区域，可以进行字幕属性特技的调整，当然所有的操作都可以通过右键点击窗口区域，通过点选弹出的菜单选项来进入编辑状态。如图7-32所示。

（3）在故事板序列时间线中对多层字幕进行编辑操作。

由于在编辑多层字幕时需要对每层字幕进行特技处理，就像在非编的序列时间线上对多轨视频进行处理一样。

首先我们将每一层的字幕素材从图元序列窗口拖入到故事板时间线的视频轨道上。

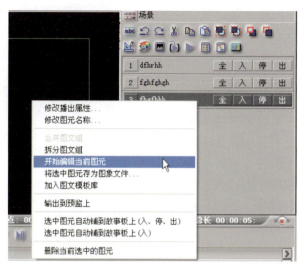

图7-32

注意：拖入时只有拖动 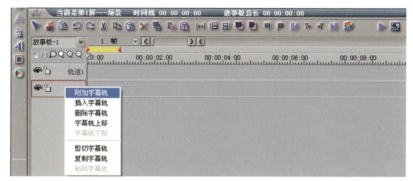 区域才有效，分别表示"全部特技""导入特技""停留效果""导出特技"。在故事板序列时间线窗口中的默认情况下只有两个字幕轨道，我们可以通过右键点击故事板标题区域来添加字幕轨。如图7-33所示，并可以进行"插入字幕轨""删除字幕轨""字幕轨上移""字幕轨下移"等操作。

如图7-34所示，拖入到时间线中的多层特技字幕就可以进行编辑调整了，在时间线中对多层字幕进行调整就是对各层特技字幕之间相对特技效果和各种导入、停留、导出等时间属性进行相应的调整。调整完之后点击保存按钮多层字幕特技的操作就完成了。

回到非编窗口，编辑好的多层特技字幕就可以在序列时间线中使用了，如果我们对已经制作好的多层字幕还有些不满意，需要一些修改，那么在序列时间线上的多层字幕素

图7-33

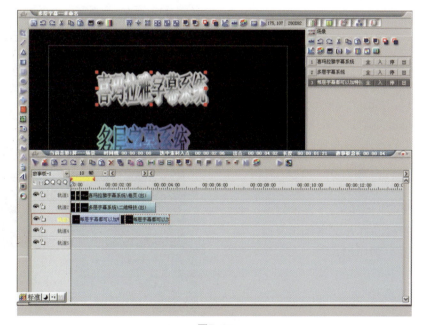

图7-34

材的就地编辑就会使我们的操作变得方便而高效。在序列时间线中展开字幕素材的视频轨道。我们会看到如图7-35所示的窗口，在此窗口下就可以进行多层字幕特技的编辑，我们会看到在展开的视频轨中有一个红色方块的句柄，它是视图切换句柄，点选后会弹出如图7-36所示的编辑模式，我们会看到相对前一种模式多出了播放控制和锁定解锁按钮。具体的编辑很简单，在此就不再介绍了。

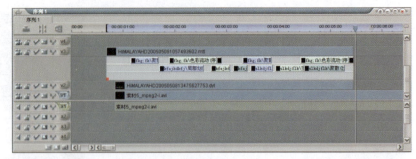

图7-35

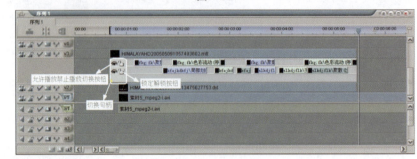

图7-36

第四节 滚屏字幕的添加

我们常常看到，在电视上播出的滚动字幕，有整屏滚动的，也有在电视屏幕底部左右滚动的即时新闻字幕等，这些都是一种滚屏字幕。下面我们来具体介绍一下在喜玛拉雅系统中是如何添加滚屏字幕的。

跟添加其他的字幕方法一样，在项目浏览器窗口点击鼠标右键，在弹出的菜单中点选"滚屏字幕素材"选项，将弹出选择窗口，如图7-37所示。

"上、下、左、右"表示滚屏字幕的滚动方向，点击"确定"进入字幕编辑状态窗口。如图7-38所示，与其他字幕编辑窗口不同的是在屏幕的左上角有屏幕标识（表示第几屏）。这时就可以在屏幕内添加图元信息以及字幕信息，如果我们添加的字幕比较多，我们可以打开文本编辑窗口，如图7-39所示。

图7-37

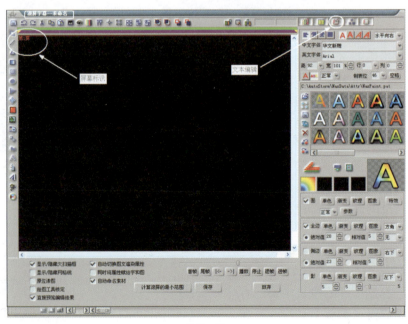

图7-38

在文本编辑窗口中，可以直接输入文字，也可以从其他的文本文件中拷贝文件到此窗口中。编辑好文本后选中文本，并点按生成字幕按钮，这样我们编辑的文字就被添加到了字幕窗口内，并且如果字幕超出一屏的范围，系统会自动生成多屏。

在生成屏幕窗口，用鼠标右键点击会弹出相应的菜单，这些菜单项都是针对滚屏字幕进行操作的，如图7-40所示。

"添加一屏"表示在屏幕的最后一屏后面添加一屏。

"插入一屏"表示在当前屏幕和下一屏幕之间加入一屏。

"删除一屏"表示删除当前屏幕。

"删除所有空屏"表示删除所有没有内容的空屏。

"第一屏、前一屏、后一屏、最后一屏"表示屏幕之间的切换。

"增加/消除透明带"表示可以为字幕添加一层透明带效果。

添加透明带效果如图7-41所示。

图7-39

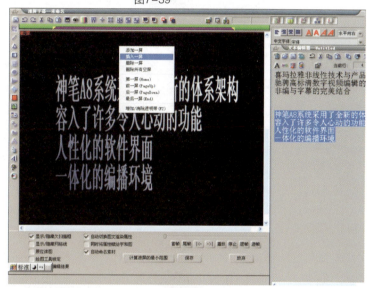

图7-40

图7-41

添加透明带后，如果对透明带的效果不满意，我们可以对透明带再编辑。如图7-42所示，右键点击弹出编辑菜单。

图7-42

"调整透明带颜色"点选后可以在如图7-43调色板中进行调整。

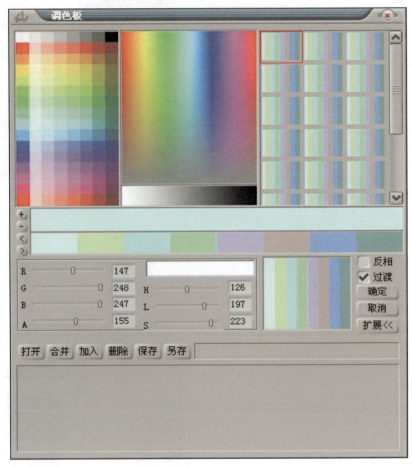

图7-43

"透明带居中"表示透明带调整为屏幕的中央。加入透明带后,在创作窗口的上边缘会有一条控制条和控制条两端的黄色控制标识。可以对透明带进行左右移动和调整其宽度,从图7-44、图7-45对比效果中可以看出。

调整完滚屏字幕的效果后,点击保存就回到了非线编窗口中,这时我们就可以对滚屏字幕素材进行使用了。

注意:

(1)在我们制作滚屏字幕时,多屏字幕在滚动时,往往是停留在最后一屏,为了实现更好的效果(不出现闪烁或者说保证所有字幕都滚动播完)需要在字幕的最后一屏加一空屏。

(2)拖放到时间线上的字幕,在播放的时候我们可能发现其播放速度并不符合整体素材的编辑要求,那么可以通过按住ctrl键的同时点按鼠标左键进行拖动操作来改变素材的长度,即改变素材的播放速度。

有时候,我们看到在电视屏幕的底部滚动着一些新闻字幕,这是怎么完成的呢,看看下面的操作步骤,如图7-46~图7-50所示。

图7-44

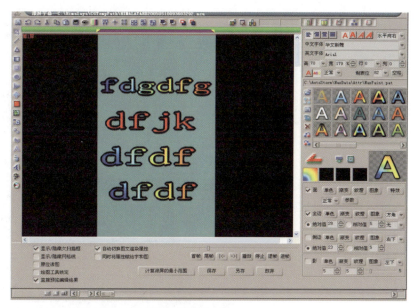

图7-45

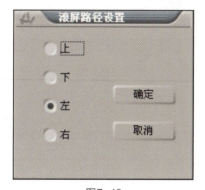

图7-46

第一步：在点按"滚屏字幕素材"弹出的窗口中选择"左"。

第二步：在编辑窗口中选择文本编辑器对字幕文本进行编辑。

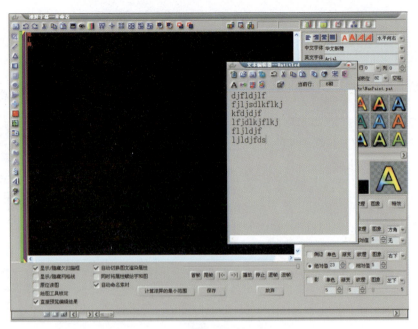

图7-47

图7-48

第三步：选中编辑文本，点按"生成底拉字幕按钮"。

第四步：对生成的底拉字幕在屏幕窗口内进行位置效果等调整编辑。然后点击保存，就可以在非编系统中进行使用编辑了。

注意：我们在添加滚屏字幕字幕的时候，在滚动播放的时候，往往会发现最后一屏一闪而过，有时候我们需要最后一屏停留一段时间，这时只要我们在时间线上按住 shift 键拖动字幕素材的尾帧就可以达到尾屏静帧的目的。如图7-50所示。

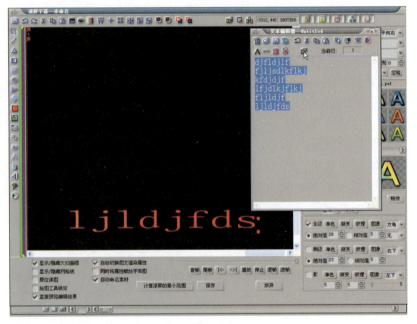

图7-49

图7-50

第五节　唱词字幕的添加

电影或电视剧中，在播放的时候常常配有中文或英文字幕，这些字幕大多都是剧中人的对话，这些字幕的出现节奏是和剧中人物对话节奏相对应的。现在给大家介绍的唱词字幕就能完成这样的功能。下面具体介绍一下在喜玛拉雅系统中如何添加唱词字幕。

操作步骤如下：

第一步：如图7-51点按"唱词字幕素材"。

第二步：在编辑窗口中进行唱词的编辑，如图7-52所示，在文本编辑器中输入唱词字幕，编辑器中的每一行代表在屏幕输出时一次性输出的字幕。选中字幕内容点按文本编辑窗口中的 ▤（生成唱词按钮）并在屏幕窗口调整字幕的位置颜色等属性，编辑完之后，点击保存按钮回到非编窗口中。

第三步：在非编窗口中进行唱词的录制。

如图7-53在项目浏览器中右键点击唱词字幕素材，弹出的菜单中选择"录制唱词"选项将进入唱词录制的窗口，如图7-54所示。

图7-51

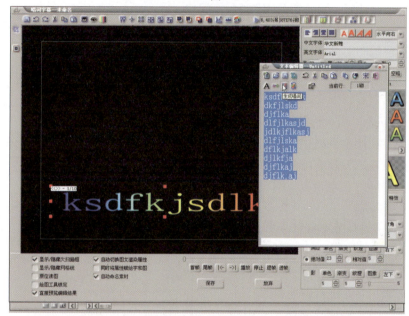

图7-52

图7-53

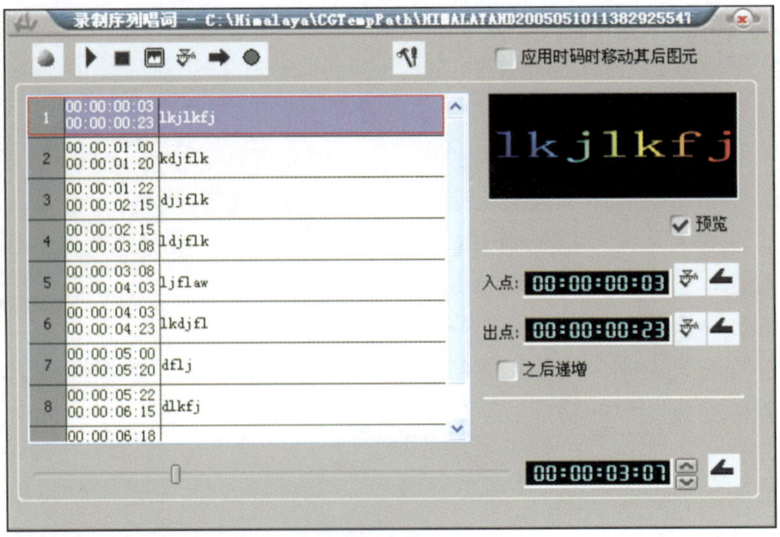

图7-54

在录制唱词序列窗口中点击录制按钮,将弹出如图7-55窗口。根据唱词字幕在视频中出现的节奏,点按键盘的空格键或回车来进行每一条唱词的录制。录制完成之后点按 将唱词字幕添加到选中的视频轨上。添加到轨道中的唱词,如果我们发现有哪些效果不满意的地方,也可以对唱词进行重新录制。

录制唱词窗口功能如图7-56所示。

第四步:在序列时间线中对唱词字幕进行就地编辑。

展开唱词字幕所在的视频轨道如图7-56所示,编辑方式和特技字幕的就地编辑基本相同,在此就不多介绍了。

图7-55

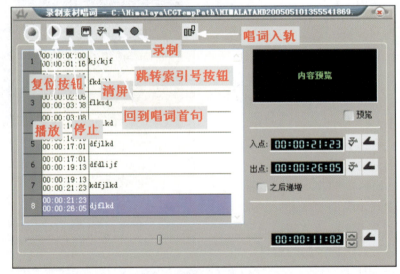

图7-56

图7-57

点击鼠标右键，在弹出的菜单中，我们看见有"拆分唱词"选项，点选此按钮，可以将唱词字幕拆分开，这样可以对每一条唱词进行编辑处理，如图7-58所示。

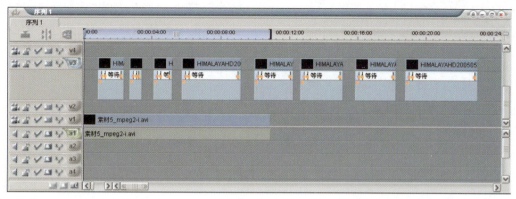

图7-58

在项目浏览器中添加字幕就介绍到这里，另外在喜玛拉雅系统中集成了大量的字幕模板，如图7-59，利用这些模板我们在进行字幕编辑的时候就可以很方便，并且这些模板可以进行再编辑。

在项目浏览器窗口右键点击字幕模板素材，在弹出的菜单中选择编辑可以对字幕进行重新编辑，也可以在序列时间线中对特技字幕进行编辑。

在时间线中制作好的字幕，如果觉得非常满意，我们也可以将此字幕直接拖到模板库窗口中作为新的字幕模板。

在时间线中的字幕如果觉得不是很满意，想换一种效果，那么只要点选如图7-60所示的"替换序列中选中字幕"选项，即可完成字幕模板的替换，而原字幕中的文字信息并没有改变。也可以将新的模板拖到时间线上需要改变的字幕素材上。

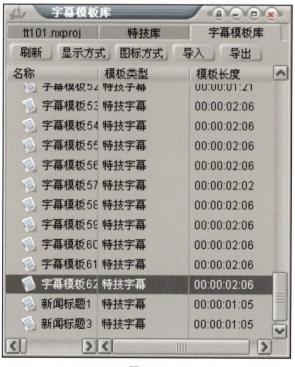

图7-59

图7-60

总之，字幕模板是为了重复利用效果优秀的字幕素材，提高工作效率的一种方式，在使用的过程中我们会深有体会的。

第六节　动画字幕的添加

我们可以导入.nve的动画文件，并在视频轨道中进行编辑。按shift键并拖动尾帧，可使动画素材循环播放，如图7-61所示。

我们也可以在时间线中导入.tga序列图作为字幕文件，tga图在时间线中是以动画素材的形式出现的。如图7-62所示。

在喜玛拉雅（Himalaya）系统中，强大的字幕系统是它的一大特色，除了在神笔A8系统中进行强大字幕处理外，在时间线中的字幕素材仍然可以像时间上的其他视频素材一样，加各种视频特技。其功能之强大绝非是上面寥寥数语能够介绍全面的，希望用户在使用的过程中参考《神笔A8字幕处理系统》，逐步熟悉它并最后达到熟练使用。

图7-61

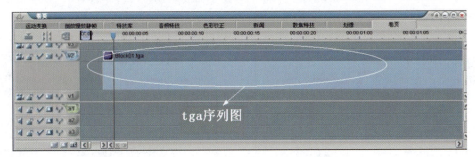

图7-62

第八章　视频特技

第一节　时间线上的特技

8.1.1　倒放特技

我们经常在影视作品中看到一些不符常理的倒序播放效果，比如迎面跑来的人突然按原路径倒退、激流直下的瀑布摆脱地心引力向上飞奔、慢慢飘落的树叶离开地面在空中翩然起舞、坍塌的房屋瞬间复原等类似倒放效果。

倒放效果在本系统中实现方法如下：打开"倒放慢动静帧"序列。前三个紧密联结的素材，是一辆汽车正向倒向再正向行驶的效果。

第1步：将第一个素材复制两个。

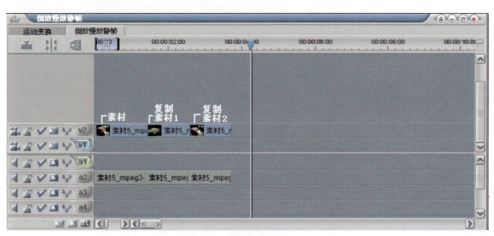

图8-1

·同时按住CTRL+SHIFT+鼠标左键拖拽素材，复制1个素材。

·再次按住 CTRL+SHIFT+鼠标左键拖拽素材，再次复制1个素材。

第2步：对第二个素材倒放。

·在"复制素材1"上右键单击鼠标，弹出右键快捷菜单。

·选择左键快捷菜单中的"倒放"，倒放效果被钩选。

图8-2

· 在右键快捷菜单中，再次左键单击"倒放"，即可去除倒放效果。

· 按键盘空格键，播放观看效果。

提示：时间线上被选中的素材条，颜色会比未选中的素材颜色深。

8.1.2 慢放特技

慢动作效果在影视作品中常常能恰到好处地渲染气氛、感染观众，比如初秋时节翩然飘落的树叶、迤逦女子的长发迎风舞动、体育节目的慢动作回放等效果。

慢放效果在本系统中实现方法如下：

打开"倒放慢动静帧"序列，找到4和5两段紧密联结的素材（是一段正常速度播放和添加慢动作效果的对比）。

第1步：将素材复制1个。

· 同时按住CTRL+SHIFT+鼠标左键拖拽素材，复制1个素材。

图8-3

第2步：对"复制素材"添加慢动作效果。

· 同时按住CTRL+鼠标左键拉长素材。

图8-4

· 这时会显示"时码"窗口。如图8-5所示。

图8-5

· 此时右键快捷菜单中多了"去除快慢动作"选项。如图8-6所示。

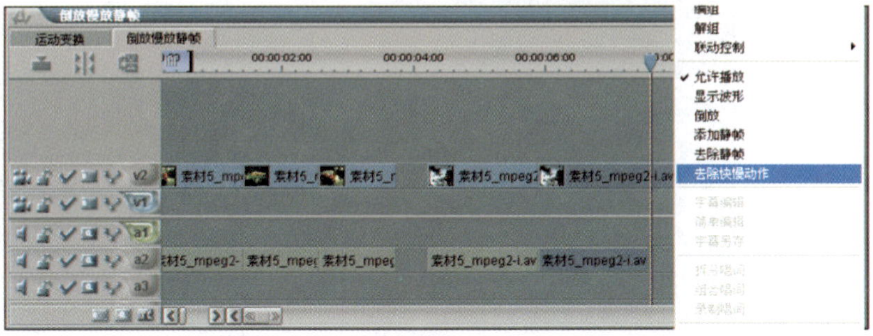

图8-6

· 钩选"去除快慢动作"选项,即可去除慢动作特技。

提示:素材被拉得越长画面的播放速度越慢,即慢动作效果越明显。

8.1.3 快放特技

快放效果在本系统中实现方法如下:

· 同时按住CTRL+鼠标左键缩短素材。

· 此时右键快捷菜单中多了"去除快慢动作"选项。

· 钩选"去除快慢动作"选项,即可去除快动作特技。

提示:素材被缩得越短画面的播放速度越慢,即快动作效果越明显。

8.1.4 添加静帧

当需要视频画面的静态一帧进行长时间播放时,采用添加静帧特技来实现;另外在编辑节目的过程中,有时画面时长比我们所需的时长短,这时可通过给素材尾帧添加静帧的方式,来满足我们编辑节目需要的时长。

某一画面静帧效果在本系统中实现方法如下:

· 将时码线拖放到需要静帧显示的位置。(时码线所指画面,即是静帧后整段素材的画面)

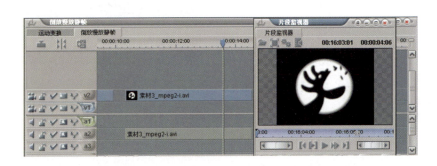

图8-7

· 鼠标右键单击素材,弹出右键快捷菜单。

图8-8

· 鼠标左键单击快捷菜单中的"添加静帧",此时"添加静帧"选项被钩选。

· 在右键快捷菜单中,左键单击"去除静帧",即取消静帧效果。首帧/尾帧静帧效果在本系统中实现方法如下:

· 鼠标左键拖拽素材首帧/尾帧的同时,按住"SHIFT"键。

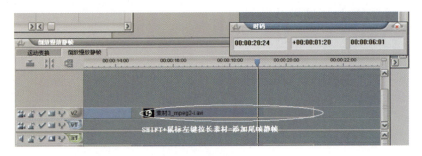

图8-9

·鼠标拖拉出的素材长度就是静帧长度，对于这个"尾帧静帧"可以用鼠标左键直接拉长/缩短的方式，再次修改静帧长度。

图8-10

·在右键快捷菜单中，左键单击"去除静帧"，即取消静帧效果。或者直接将"尾帧静帧"素材，用"Del"键删除。

提示：

做首帧/尾帧静帧效果，需要按住"SHIFT"键，同时，鼠标左键拖拽素材。

图8-11

8.1.5 画面移动、多窗口、画面裁剪特技

运动变换特技能够快捷实现以下效果：画面的位移、窗口的缩放、三维方向旋转、直线裁剪画面、画面边框阴影、调节画面透明度（如淡入淡出）。

运动变换特技使用方法如下：

选中素材后，用鼠标右键打开快捷菜单，选择"调整特技"，在弹出的"片断时间线"窗口点击"展开、收起特技界面"按钮，展开"运动变换特技"参数。

图8-12

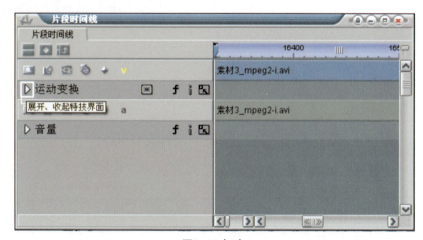

图8-13（1）

第8章 视频特技

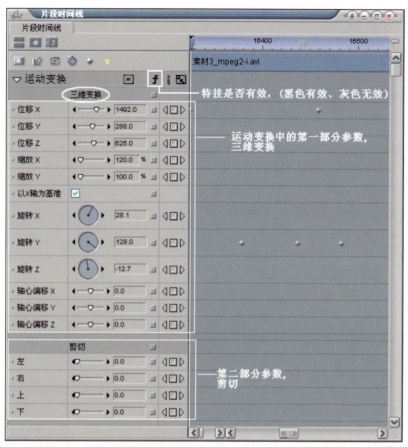

图8-13（2）

图8-13（3）

首先介绍画面移动、多窗口实现方法：（运动变换中的三维变换）制作画面位移、窗口缩放、三维旋转只需要在"运动变换"中的"三维变换"中调节和设置关键帧。

请打开运动变换序列实例，该序列V1、V2上放置了2层视频，我们将分别用V1、V2轨中的第一个素材，来实现两个视频开窗、移动效果。

图8-14

第1步：

·选择V2轨上素材，鼠标右键选择"调整特技"后，我们在"片断时间线"窗口展开"运动变换特技"，即可看到"三维变换"下的所有调节参数。

·在"位移X"参数下，设置首尾2个关键帧，即可实现视频画面的水平移动。实例中需要画面从屏幕右边移动到左边的效果，设置了2个关键帧，第一个关键帧参数：1492、第二个关键帧参数：87。

·在"位移Z"中设参数为：625，此处无需添加关键帧，因为整个素材的参数都是625。

·在"缩放X"中设参数为：120%，钩选下面的"以X轴为基准"，这时缩放既是成比例缩放。

·在"旋转Y"参数中，设置了三个关键帧，前两个关键帧参数相同：128，第三个关键帧参数值：209。如此设置的原因是，为了使画面从右侧移动到左侧的过程中，画面Y轴的倾斜角度发生变化。

第2步：

·选择V1轨上素材，鼠标右键选择"调整特技"后，我们在"片断时间线"窗口展开"运动变换特技"，即可看到"三维变换"下的所有调节参数。

·在"位移X"参数下，设置首尾2个关键帧，即可实现视频画面的水平移动。实例中需要画面从屏幕左边移动到右边的效果，设置了2个关键帧，第一个关键帧参数：-260、第二个关键帧参数：615。

·在"缩放X"中设参数为：95%，钩选下面的"以X轴为基准"，这时缩放既是成比例

图8-15

图8-16

缩放。

·在"旋转Y"参数下，第一个关键帧参数：-142、第二个关键帧参数：-142，前后两个关键帧数值相同，是为了两个关键帧所在时间范围内，画面Y轴倾斜角度一致。第三个关键帧参数：-225，设置第三个关键帧，是为了画面从左侧移动到屏幕右侧时，改变画面Y轴的倾斜角度。

其次介绍突出局部画面的实现方法：（运动变换中的剪切和透明度）

运动变换特技中的第二部分就是剪切，它用直线条来裁剪画面。当我们需要突出画面局部细节的时候，可以用到剪切。

运动变换特技中的第四部分是透明度，它可以调节画面的透明度值，0为全透即画面不可见，100为不透，从数值0到100的过渡、100到0的过渡，即实现了画面淡入淡出的效果。

请打开运动变换序列实例，展示该序列第二段素材的效果。下面介绍如何实现此效果：

第1步：选择一段素材拖放的V1轨。

第2步：复制V1轨素材，放到V2轨上，用快捷键复制素材的方法如下：

·按住SHIFT键并且按住CTRL键的同时，用鼠标左键拖拽V1轨素材，此时鼠标处出现一段虚影素材，将它放在V2轨上后，同时松开SHIFT键、CTRL键和鼠标左键。

图8-17

图8-18

第3步：将V2轨素材亮度降低，本系统中有多种方法可以降低画面亮度，此处用的是调节透明度的方法。

·选中V1轨素材，右键选择"调整特技"，在"片断时间线"窗口展开"运动变换"。

·拉动"片断时间线"右侧的上下移动滑块，或者转动鼠标滚轮，找到"透明度"选项，设置其数值为：40。

图8-19

提示：

此处用的是调节透明度的方法使画面变暗。该方法有个前提：本层画面下面无其他层画面，因为透明度降低后，会透出该层下面的其他层画面。当该层下面无其他层时，透明度降低会衬透出下面的黑色背景，这样自然画面的亮度就降低了。

第4步：调节V2轨上第二段素材的剪切特技。

·左键双击V2轨上素材，弹出该素材的"片断时间线"窗口，如果没有弹出，用鼠标左键单击软件界面"工具"栏中的"片断时间线"，打开该窗口，展开"运动变换"。

·拉动"片断时间线"右侧的上下移动滑块，找到"剪切"。参数包括上下左右四个方向，此时可以随意设置一些关键帧。对一个参数设置多个不同数值的关键帧时，剪切的部分能实现移动的效果。实例中的移动追踪效果，就是通过对多个剪切参数，设置多个不同数值关键帧来实现的。

下面介绍运动变换中的阴影：

阴影的调节要配合画面的缩小来进行调节，因为阴影部分出现在画面之外，如果画面是满屏幕，阴影特效将无法在屏幕中看到。

打开运动变换序列实例中的第三段素材。

制作阴影效果的一般过程如下：

第1步：将"使用阴影"选项钩选。

第2步：调节阴影中的其他选项，通过对"偏移距离""偏移角度"设置多个不同参数关键帧，阴影会产生移动；通过对"颜色"设置多个不同参数关键帧，阴影的颜色产生变化。

图8-20

图8-21

解释：运动变换序列中第一段素材为三维变换实例、第二段素材为裁剪透明度实例、第三段素材为阴影实例。

提示：注意点选f（使用/忽略）特技按钮，当f按钮是灰色时，该特技为无效状态，此时参数调节，不能看到效果。当f按钮是黑色时，该特技为有效状态。

在时间线的展开轨道上可以方便快捷地实现以下视频特技。

8.1.6 淡入淡出

在制作节目的时候，常常用到画面的黑起黑落，也就是这里提到的淡入淡出效果。

首先介绍一下本系统中制作淡入淡出的方法：

（1）快速设置淡入淡出效果方法如下：

· 点击"展开轨道"按钮，在素材展开处单击鼠标右键菜单，选择"曲线模式"并且选择"运动变换"中的"透明度"。这时对展开轨道所作的调节，就是针对素材透明度的调节。

· 在首帧单击鼠标左键，即在首帧添加了一个关键帧。

· 按住鼠标左键向下拖动第一个关键帧，直到展开轨道上显示当前关键帧数值：0。

或者左键双击关键帧，设置参数为：0。

图8-22

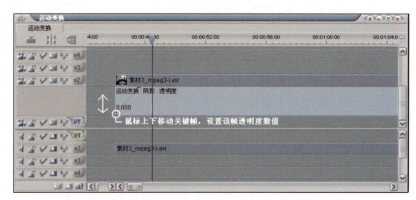

图8-23

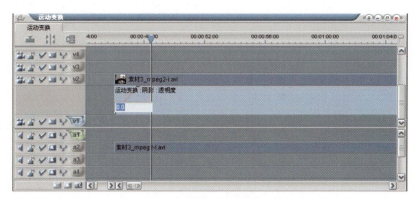

图8-24

· 鼠标向右拖动时码线，设置第二个关键帧（第一个关键帧和第二个关键帧之间的距离，决定画面淡入所需要的时间），按住鼠标左键向上拖动第二个关键帧，直到展开轨道最顶处。

图8-25

或双击该关键帧设置参数为：100。

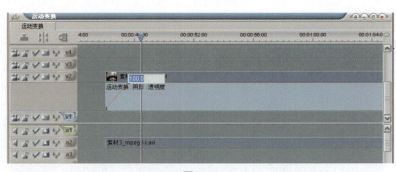

图8-26

（2）通过"片断时间线"实现淡入淡出效果。

画面淡入方法如下：

·在"片断时间线"窗口展开"运动变换"，找到"透明度"设置。在素材首帧处设置第一个关键帧，调节透明度数值为0。

图8-27

·同时按键盘上的"CTRL+右箭头"4次，这时时码线从第一个关键帧向后移动20帧。

·在当前时码线所在位置，再次点击添加第二个关键帧，调节透明度值为100。图解：上图是"片断时间线"窗口，展开"运动变换"特技后"透明度"调节的局部截图。提示：特技参数永远显示当前时间线对应位置的数值。对于任何特技参数的调节，都是针对时间线所对应的位置进行的调节。如果想了解某一关键帧当前的具体参数，请用"移到上/下一个关键帧"将时间线移动到关键帧上。

画面淡出方法如下：

·在素材尾帧处设置一个关键帧，调节透明度数值为0。

·同时按键盘上的"CTRL+左箭头"4次，这时时码线从第一个关键帧向前移动20帧。

·在当前时码线所在位置，再次点击添加关键帧按钮，调节透明度值为100。

提示：按下键盘左/右箭头1次，时码线向前/后移动1帧。

按下CTRL+键盘左/右箭头，时码线向前/后移动5帧。

按下SHIFT+键盘左/右箭头，时码线向前/后移动25帧，即向前/后移动1秒钟。

提示：

（1）在展开的轨道中，调节特技有几种模式：关键帧模式、曲线模式等，例子选择的是"曲线模式"，当然也可以根据个人喜好和所调节特技的类型，进行其他模式的选择。

（2）这一例子中我们介绍了在序列的展开轨道上进行特技的调节，展开轨道的特技设置和在"片断时间线"中所作的特技设置，是一一对应的。在展开轨道上可以调节系统中的所有特技，同样在"片断时间线"中所作特技，在"展开轨道"中都有所反映，通过例子我们知道，淡入淡出特技在展开轨道上调节的方式，更加直观方便。

第二节 特技库

8.2.1 将4∶3画面调为16∶9的宽银幕

本系统可以方便快捷地在4∶3和16∶9的宽银幕之间切换，方法如下：打开特技库序列实例，该序列前两个素材分别是4∶3效果和16∶9效果。

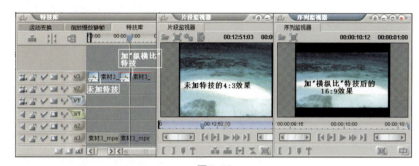

图8-28

第一步：打开特技库面板

·当软件界面上，没有特技库面板时，点击"工具"中的"特技库"，或者使用快捷键"2"，调出特技库面板。

图8-29

·展开特技库中的"系统特技"，选择"横纵比变换"，拖拽一个"横纵比变换"模板，到素材上。添加了特技库特技的素材有一条红线显示。

图8-30

·鼠标右键菜单"调整特技"调出该素材的"片断时间线",展开"横纵比变换"特技参数。如图8-31所示进行参数调节。

图8-31

8.2.2 叠加多层画面效果

打开特技库序列实例,序列时码(00:00:22:00~00:00:40:00)区域,该区域内放置了6层视频,是一个多层画面窗口移动叠加效果。

图8-32

叠加多层画面效果制作方法如下:

第一步:制作V1轨画面。

(1)添加特技库特技方法:

·拖放一段素材到序列V1轨上后,添加"特技库"中的"三维特技"。

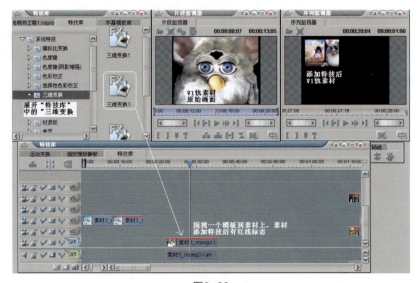

图8-33

（2）调出特技调节的界面调整参数：

·单击鼠标右键选择"调整特技"弹出"片断时间线"窗口，调整其中参数。

图8-34

图8-35

图8-36

在激活后的"片段监视器"上，添加了多个图像控制工具，选择工具后可通过鼠标直接对图像进行移动、缩放、三维空间旋转等的操作。

提示：

设置画面的大小位置，实例中通过在特技参数上输入特定数值来实现，此方法快速准确，但当没有提供特定数值时，这种调节方式就显得不够直观；这时Himalaya提供了通过"激活活动窗口"来直观地设置窗口的位置，方法如下。

（3）"激活活动窗口"直观的手动特技调节方式：通过"激活活动窗口"，直观调整窗口的大小、空间变换等三维效果。打开调节特技的"片断时间线"界面（选中素材/鼠标右键菜单/调整特技），

选择 ▣ "激活活动窗口"工具，然后切换到"片段监视器"界面。

图8-37

▶ 移动工具：选择后用鼠标移动画面。对应参数为下图中的"三维变换"部分。

图8-38

▶ 旋转工具：设置X、Y、Z方向的旋转角度。对应上图中的"旋转"部分。

▶ 锚点工具：设置画面的中心轴。对应参数为下图中的"轴心偏移"。

图8-39

锚点工具使用方法：

（1）鼠标单击 锚点工具。

（2）如下图窗口中的三色箭头，分别代表轴心偏移的X、Y、Z三个方向。

图8-40

（3）按住鼠标左键拖拽任意轴心，使该轴心产生偏移。

（4）轴心缺省状态是在画面的中心位置，此时调节"旋转"，是以画面中心发生的旋转；当重新设置了轴心后，再调节"旋转"，是以重新设置的轴心位置发生的旋转。

▶ 缩放工具和剪切工具：

缩放工具：按比例缩放画面。对应下图中的"缩放"参数。

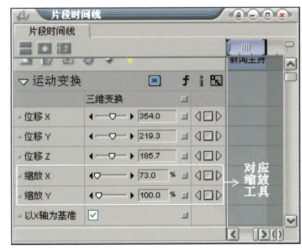

图8-41

剪切工具：裁减画面，包括上下左右4个方向。对应下图中的"剪切"参数。

世界坐标系/物体坐标系：

选择一种坐标系后移动画面，实现两种不同的坐标系移动方式。当两个坐标系相同时是不能看出区别的，只有在发生旋转后，才能看到两种不同坐标系移动方式的区别。

图8-42

二维平移：

分别是纵深/水平方向、垂直/纵深方向、水平/垂直方向的移动，只能同时控制两个方向的移动，分别是ZX、YZ、XY。需要配合移动工具使用。

第二步：制作V2轨画面。

· 拖放一段素材到序列V2轨上后，添加"特技库"中的"三维特技"。

图8-43

图8-44

第三步：制作V3轨画面。

·拖放一段素材到序列V3轨上后，添加"特技库"中的"三维特技"。

图8-45

·单击鼠标右键选择"调整特技"弹出"片断时间线"窗口，设置其中参数。

图8-46

第四步：制作V4轨画面。

·拖放一段素材到序列V4轨上后，并添加"特技库"中的"三维特技"（从"三维特技"中拖拽一个模板到V4轨素材）。

图8-47

·选中素材按快捷键"5"/鼠标左键双击素材/鼠标单击右键选择"调整特技",调出"片断时间线"窗口,调整参数。

图8-48

第五步:制作V5轨画面。

·拖放一段素材到序列V5轨上后,并添加"特技库"中的"三维特技"(从"三维特技"中拖拽一个模板到V5轨素材)。

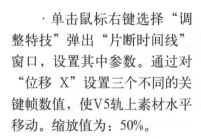

图8-49

·单击鼠标右键选择"调整特技"弹出"片断时间线"窗口,设置其中参数。通过对"位移 X"设置三个不同的关键帧数值,使V5轨上素材水平移动。缩放值为:50%。

图8-50

图8-51

图8-52

第六步：制作V6轨画面。

·拖放一段素材到序列V6轨上后，并添加"特技库"中的"三维特技"（从"三维特技"中拖拽一个模板到V6轨素材）。

图8-23

· 单击鼠标右键选择"调整特技"弹出"片断时间线"窗口，设置其中参数。通过对"位移 X"和"位移 Y"分别设置两个不同的关键帧数值，使V6轨上素材移动。缩放值为：40%。

图8-54

图8-55

8.2.3 抠像效果

请参见特技库序列中时码（00：00：45：00～00：01：17：37）区域内的5段抠像效果，其中包括了亮度键和色度键，两种抠像常用特技。

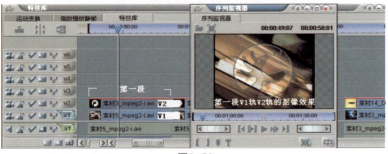

图8-56

图8-57

图8-58

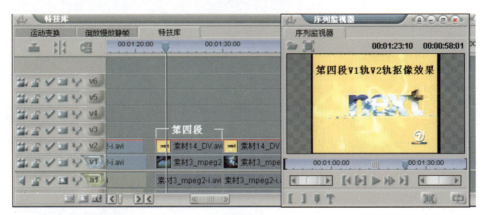

图8-59

图8-60

亮度抠像效果实现方法：

上面抠像实例中的前4段是使用本系统"特技库"中"亮度键"来实现的。

第1步：选择两段素材添加到V1、V2轨上。

·将要添加"亮度键"特技的素材放到V2轨上。

·将要衬出的素材放到V1轨上。

前三段实例所用素材如图：

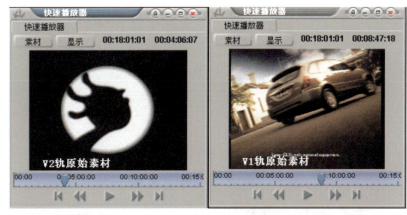

图8-61

后两段实例所用素材如图：

图8-62

第2步：添加"亮度键"特技到V2轨素材上。

·展开"特技库"中的"亮度键"，拖放亮度键模板到V2轨素材。

图8-63

·鼠标在V2轨素材处右键单击，在右键快捷菜单中选择"调整特技"。

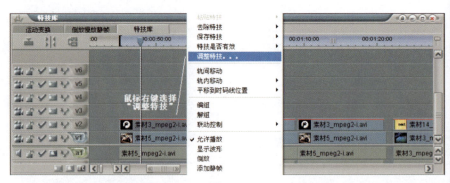

图8-64

·在弹出的"片断时间线"中展开"亮度键"特技进行参数设置。第一段实例抠像参数及效果如图8-65和图8-66所示：

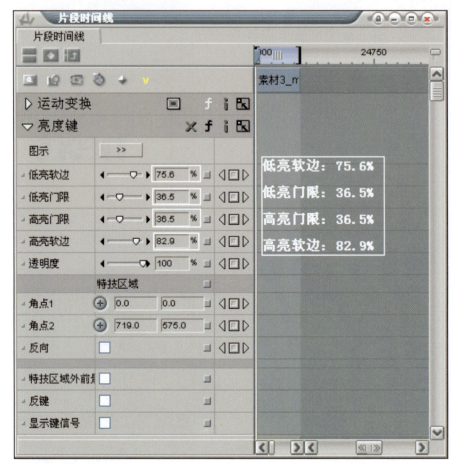

图8-65

图8-66

第二段实例抠像参数及效果如图8-67所示：

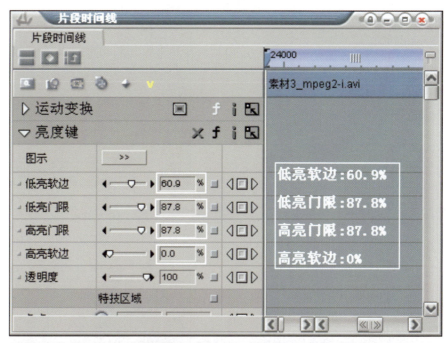

图8-67

第三段实例抠像参数及效果如图8-68所示：

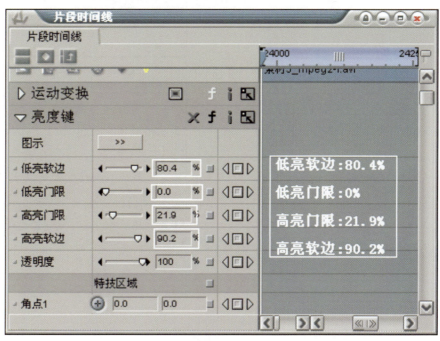

图8-68

图8-69

第四段实例抠像参数及效果如图8-70所示：

滑动"低亮软边"、"低亮门限"、"高亮门限"、"高亮软边"、"透明度"滑杆按照方框中的参数进行设置。得到图8-70右下部门的框像效果。

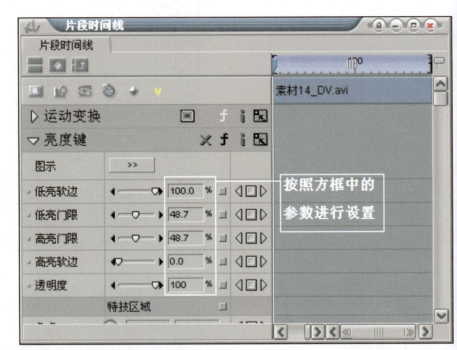

图8-70

色度抠像效果实现方法：
上面抠像实例中的第五段是使用本系统"特技库"中"色度键"来实现的。

第一步：选择两段素材添加到V1、V2轨上。

·将要添加"亮度键"特技的素材放到V2轨上。

·将要衬出的素材放到V1轨上。

第四段实例所用素材如下：

第二步：添加"色度键"特技到V2轨素材上。

·展开"特技库"中的"色度键"，拖放色度键模板到V2轨素材。

图8-71

图8-72

第三步：展开"片断时间线"中的"色度键"，设置其中参数。

·打开"色度键"中的"图示"，选择抠像颜色。

图8-73

·除了使用"图示"吸取颜色、调节范围外，还可使用"色度键"中的各项参数进行细节调节。

以下是调节参数和效果：
色度　 −63.4
孔径　 108.1%
饱和度　27.3%
饱和度门限　7.9%
软边　7.3%
清除杂斑　0.0%

调整各滑杆主设置至当前参数，见图8-74右下方框像效果。

图8-74

提示：在特技库中系统本身自带了很多模板，例如"亮度键"中的"抠亮"、"抠暗"，"色度键"中的"抠蓝"、"抠红"、"抠绿"等等，无需在进行参数调节，直接放到相应颜色的素材上即可使用。

8.2.4 色彩校正和选择性色彩校正

全屏色彩校正：

第一步：在特技库中，展开"选择性色彩较正"，将模板拖放给序列时间线上的片断。

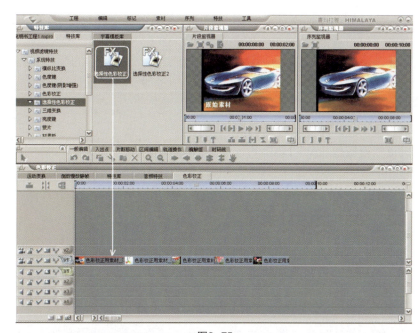

图8-75

第二步：选中片断右键选择"调整特技"（或者直接按键盘上的"5"键）打开"片断时间线"，点击"选择性色彩校正"前的小三角按钮展开特技参数界面。

注：色盘图示的直观调整与左侧的滑杆式参数调整一一对应。拖动色盘上的圆点，圆点角度即是其色度，圆点与圆心的距离为所选色彩的饱和度，每个色盘下对应的滑杆用来调节对应区域的亮度。

图8-76

图8-77

色键色彩校正这种色彩校正方法可以针对视频画面上某一选定的色彩范围进行整体、暗区、灰区、亮区的色度、饱和度及亮度的调整。

第一步：将"选择性色彩校正"模板拖放给V1轨上的片断。

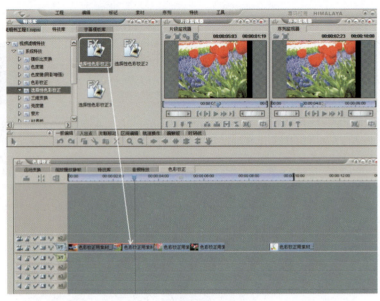

图8-78

第二步：选中片断右键选择"调整特技"（或者直接按键盘上的"5"键）打开"片断时间线"，点击"选择性色彩校正"前的小三角按钮展开特技参数界面，在参数栏向下的"选择键"一栏里，设置校色范围对象。

图8-79

第三步：向上回到"色彩平衡"栏，拖动滑杆调整每个区域的色度、饱和度和亮度或打开图示直接调节：

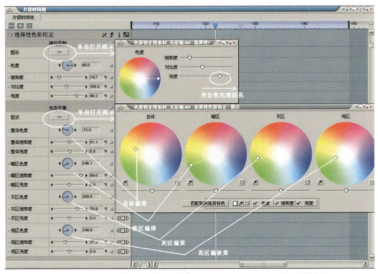

图8-80

校色前后效果如图8-81所示：

图8-81

区域色彩校正区域色彩校正可以针对鼠标圈定的矩形区域进行灰区、亮区和暗区的色彩调整：

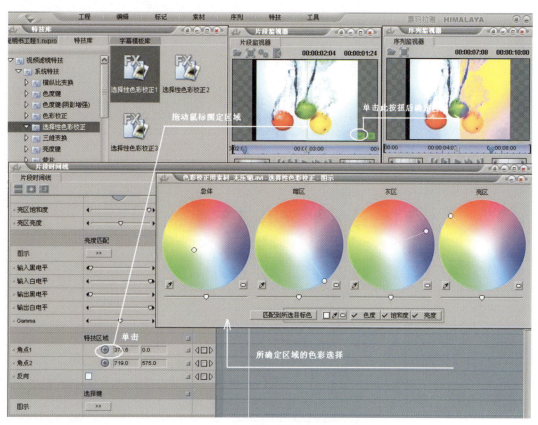

图8-82

8.2.5 闪白

做闪白的方法有很多种，这里是针对两个相接的画面，分别对前一画面结尾处使画面在短时间内失去色度、对比度，同时亮度提到最亮；而后一画面开始处，由无色度无对比度，同时亮度很亮的状态在短时间内恢复原画面。

第一步：将色彩校正特技模板分别拖放给V1轨上两段相接的素材。

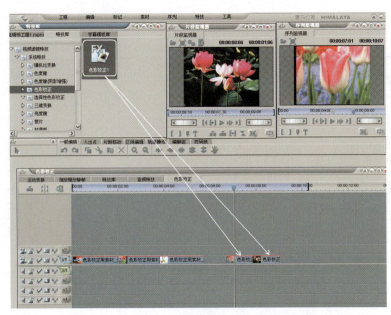

图8-83

第二步：选择前一片断进入片断时间线，关键帧及关键帧参数设置如图8-84所示。

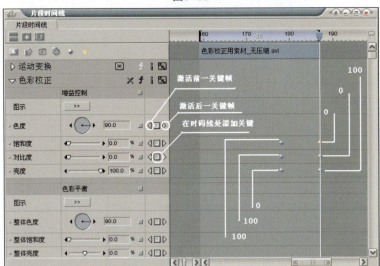

图8-84

第三步：选择后一片断进入片断时间线，关键帧及关键帧参数设置如图8-85所示。

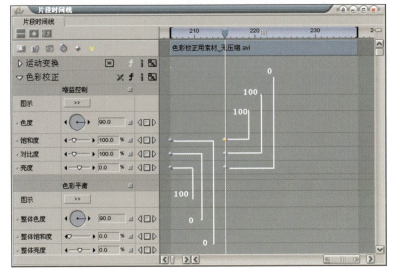

图8-85

播放时间线上的这两段画面，可以看到两个片断间的闪白转接：

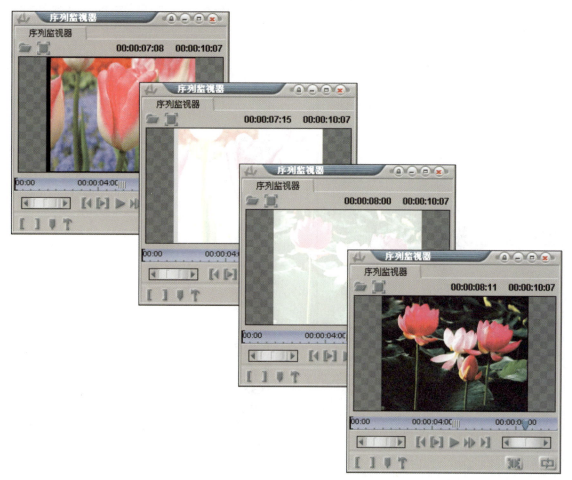

图8-86

8.2.6 画面纹理效果

参考特技库序列时码（00：01：39：00～00：01：49：19）区域。

图8-87

实现方法如下:

第一步:拖放一段素材到V2轨上。

第二步:展开特技库中的"材质板",拖放一个模板到素材上。

第三步:展开该段素材的"片断时间线",调节"材质板"特技参数。

· 选择"面板材质"中的"Tiles 02"。

图8-88

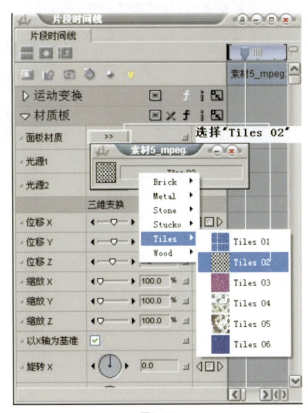

图8-89

· 设置"正面"中的"透明度"数值为:84%。

图8-90

8.2.7 散焦效果

(1) 全屏模糊

这里是使一段画面由清楚逐渐变到模糊，同时画面在颜色上有绿色增益变化。第一步：将散焦特技拖放给V1轨上的素材。

图8-91

第二步：双击素材使其进入片断时间线，在"散焦模糊"轨上设置两个关键帧，使画面逐渐变到模糊；在"绿色增益"轨上设置两个关键帧，使画面逐渐偏绿。关键帧设置如下：

图8-92

特技效果如图8-93，从左至右三帧同一画面由清楚逐渐变到模糊。

图8-93

（2）局部模糊

这里是用两层叠加的相同的画面，对上层画面进行裁剪并附加散焦效果。

第一步：将同一素材拖放到V1、V2轨上，两素材时间位置重叠。

第二步：

点"散焦"框，调整"散焦模糊"参数滑杆；

图8-94

第三步：

按右图下标示框对照画面拖动"上、下、左、右"各滑杆剪切出所需模糊效果。

图8-95

效果如图8-96所示：

图8-96

8.2.8 卷页效果

在制作节目时，一个画面的进入方式可以丰富多样。比如，一段山水画面的片断，可以以一副卷轴打开的方式进入观众的视野，这里就可以用"视频滤镜特技">"卷页"来实现。

第1步：叠加特技模板选择"特技库">"视频滤镜特技">"系统特技">"卷页"，在右边的模板库里点击右键>"新建模板"。将新建好的模板拖放到序列的片断上，该片断上有红线显示，表明特技已经叠加。

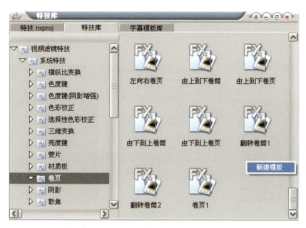

图8-97

将新建好的模板拖放到序列的片断上，该片断上有红线显示，表明特技已经叠加。

图8-98

第2步：调整特技.在片断上点击右键>"调整特技……"，进入"片断时间线"。

图8-99

图8-100

点击"卷页"前的 ▷ 使特技参数展开，设置如图的参数。

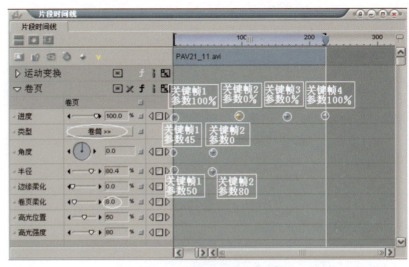

图8-101

· 在"进度"的参数下，设置了4个关键帧。在1～2之间，画面是一个卷页打开的效果；2～3之间，参数不变，画面保存；3～4之间，画面是卷走的效果。

· "类型"：设置为"卷筒"。

· 在"角度"的参数下，设置了2个关键帧。开始画面以45°的角度进入，后来渐渐变成0°。

· 在"半径"的参数下，设置了2个关键帧。开始卷筒的半径是50，渐渐变粗为80。

· "卷页柔化"：设置为8.0，使卷页的边缘柔和。当整个一个片断的某一个参数保存不变的时候，是不需要加关键帧的。

第3步：保存特技模板。在调整好特技的片断上点击右键＞"保存特技"，将模板保存到"特技库"中，以供以后使用。

图8-102

图8-103

8.2.9 两段素材之间的淡入淡出

淡入淡出（画面的黑起黑落）的实现方法前面已经做过介绍，这里所说的是两段首尾相连不同画面的素材之间叠化的淡入淡出效果。

请参见特技库序列时码（00：01：54：00～00：02：15：00）区域的两段素材叠化效果。完成下面两段画面的叠化效果：

第一步：展开特技库>视频扫换特技>系统特技>淡入淡出，右侧空白区域鼠标右键新建一个淡入淡出特技模板。

图8-104

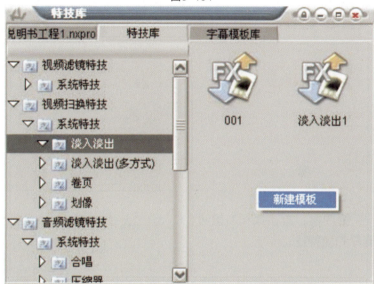

图8-105

第二步：按住鼠标左键拖拽新建的模板（托拽原有模板也可以），将模板添加到序列上两段素材交接处。

图8-106

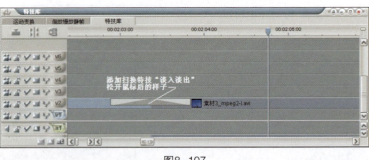

图8-107

第三步：双击鼠标左键弹出扫换特技调节窗口，对特技进行调节。

图8-108

第四步：单击鼠标右键可删除扫换特技。

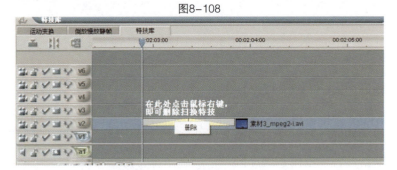

图8-109

8.2.10 卷页扫换

第一步：将"视频扫换特技"下的卷页特技模板拖放于两片断相接处。

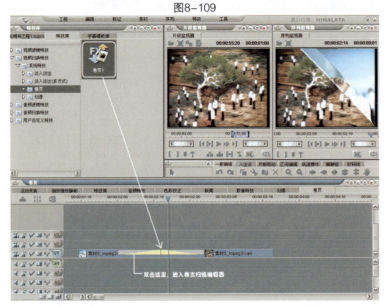

图8-110

第二步：双击时间线上的画像块进入扫换编辑器，应用默认关键帧设置如下：

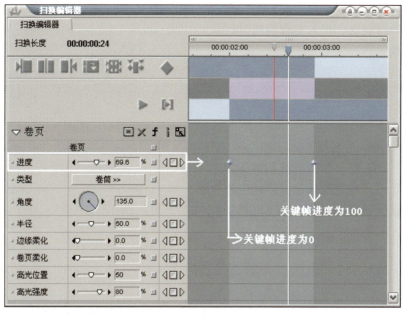

图8-111

播放时间线，可以看到由第一段画面卷页扫换到第二段画面的效果：

图8-112

8.2.11 画像扫换

第一步：将"视频扫换特技"下的画像特技模板拖放于两片断相接处：

图8-113

第二步：双击片断上的画像特技块，进入划像特技时间线：

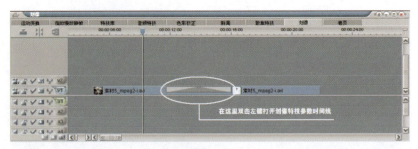

图8-114

设置画像关键帧和画像起始点，在这里画像关键帧应用默认设置，画像起始点选择图A选项：

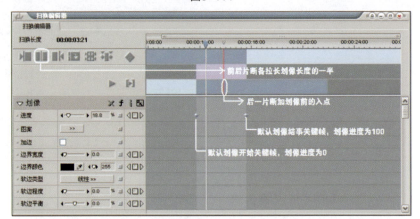

图8-115

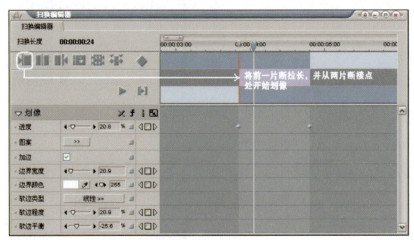

图8-116

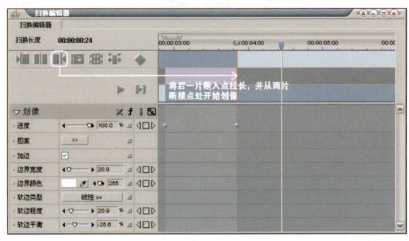

图8-117

第三步：选择画像图案：

图8-118

第四步：画像加边界，边界的粗细、颜色及软边的参数设置如下图：

图8-119

播放时间线，可以看到由前一画面画像过渡到后一画面的效果：

图8-120

第三节　用户自定义特技

自定义特技：这里介绍如何将画面的组合特技保存成模板。实例的画面效果如下图：

V1轨素材是应用色彩校正特技设置成黑白效果：

V2轨画面附加蒙片效果并在画面结尾处做逐渐模糊处理，最后画面淡出：

图8-121

图8-122

图8-123

V2轨画面的定义了以下几个特技：

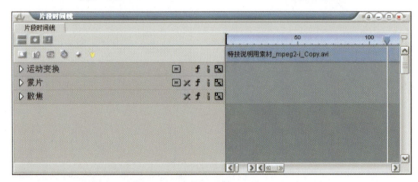

图8-124

其中蒙片设置如下：

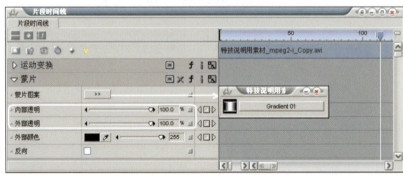

图8-125

其中散焦设置如下：

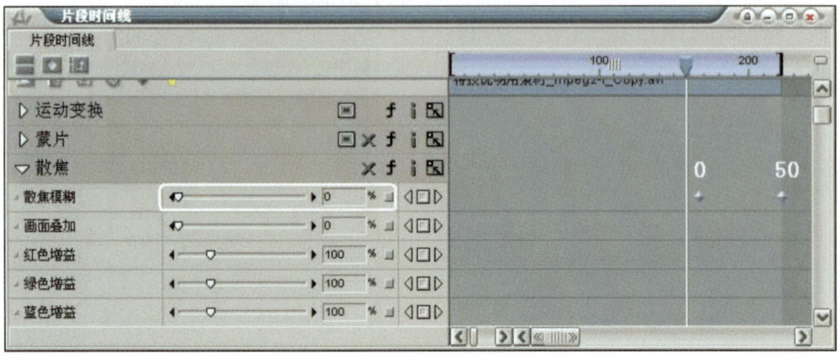

图8-126

其中淡出设置如下:

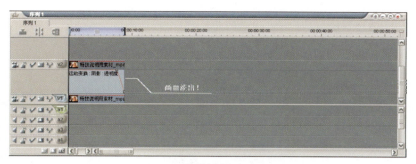

图8-127

现在将这个组合特技保存成为模板,操作如下:

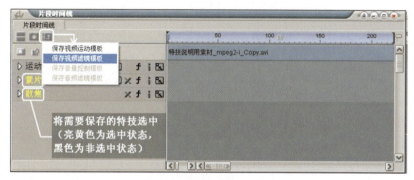

图8-128

这时在自定义特技库中添加了"蒙片"和"散焦"的组合特技(如果要保存淡出效果为自定义特技,需选择"保存视频运动模板"):

图8-129

模板再次应用如图8-130所示：

图8-130